『アポロ13』
に学ぶ
ITサービスマネジメント

Learning IT service management from Apollo 13.
How to understand ITIL practices
watching a movie.

映画を観るだけで
ITIL
の実践方法がわかる!

谷誠之　久納信之
Tomoyuki Tani　Nobuyuki Kuno

技術評論社

推薦のことば

本書を手に取ってくださいまして、誠にありがとうございます。

本書は、昨今無視できなくなっているITサービスマネジメント（ITSM）、及びITILをまったく新たなやり方で解説した、今までにない書籍です。サービス、あるいはサービスマネジメントという概念を、映画『アポロ13』に当てはめて、その重要性を明確に示しています。

本書の最大の特徴は、ITILやアポロ計画のことをよく知らなくても読み進められること、そして非常にわかりやすいことです。本書をお読みになることで、ITSMの本質を知ることができるはずです。ITSMの本質とは、ITサービスの本質でもあります。本書は、「顧客」は誰か、「ユーザ」は誰か、ということをしっかりと見極め、両者にITサービスを提供するためには何が必要で、何を目的として、どういう役割を担い、どのように仕事をしていくのか、ということを考えるきっかけを与えてくれます。

近年、今までには考えられなかったような事故や災害が起こっています。一方、ITサービスやITコンポーネントは複雑化の一途を辿っています。そのような中、ITSMの重要性、DevOpsに代表されるような開発側と運用側との融合の重要性、ITガバナンスの重要性は、ますます高まっています。私たちは、これらをもっと学習し、体制を整えていかなければなりません。そのためにも、本書はとてもよい教材になると考えます。

この本をお読みになった方が、「サービスマネジメント」というロケットの打ち上げに成功することを期待しています。

2016年9月　EXIN Japan　中川 悦子

第3部

サービスオペレーション 069

CHAPTER **06**

「ヒューストン、センターエンジンが停止した」
ーインシデント管理ー 070

インシデントとは 073
ワークアラウンドとは 076
インシデント管理とは 077
『アポロ13』における事例 081

CHAPTER **07**

「反応バルブを閉じろ、と伝えろ」
ーサービスデスクー 084

サービスデスクとは 089
サービス・スタッフに求められる能力 092
エスカレーション 094
『アポロ13』における事例 095
映画中におけるエスカレーション 097

CHAPTER **08**

「自分の字が読めないんだ。
思ったより疲れているみたいだな」
ー問題管理ー 100

問題とは 104
問題管理とは 105
『アポロ13』における事例 108
映画に見られる、その他のエピソード 111
Column 114

第2部

サービスストラテジ ⋯⋯⋯⋯⋯⋯⋯⋯⋯ 035

CHAPTER **03**

「ニール・アームストロングが 月に降り立ちました」

－アポロ計画における戦略－ ⋯⋯⋯⋯⋯⋯⋯ 036

PDCAサイクル ⋯⋯⋯⋯⋯⋯⋯⋯⋯⋯⋯⋯⋯ 038
アポロ計画の目的・目標 ⋯⋯⋯⋯⋯⋯⋯⋯⋯⋯ 039
アポロ計画の戦略 ⋯⋯⋯⋯⋯⋯⋯⋯⋯⋯⋯⋯ 041
アポロ計画における測定 ⋯⋯⋯⋯⋯⋯⋯⋯⋯⋯ 046

CHAPTER **04**

「14号があればだが」

－アポロ計画における「顧客」とは－ ⋯⋯⋯⋯ 048

ITサービスマネジメントの登場人物 ⋯⋯⋯⋯⋯⋯ 051
『アポロ13』における登場人物の相関関係 ⋯⋯⋯⋯ 054
それぞれの立場の違い ⋯⋯⋯⋯⋯⋯⋯⋯⋯⋯⋯ 058

CHAPTER **05**

「月を歩くんだね」

－サービスという単位を考える－ ⋯⋯⋯⋯⋯⋯ 060

アポロ計画とサービス ⋯⋯⋯⋯⋯⋯⋯⋯⋯⋯⋯ 062
アポロ計画に存在したサービス ⋯⋯⋯⋯⋯⋯⋯⋯ 063
サービスとサービス・パッケージ ⋯⋯⋯⋯⋯⋯⋯ 065
サービス・プロバイダは競争によって淘汰される ⋯⋯ 068

目次

推薦のことば	002
まえがき	003
目次	004

第1部

ITサービスマネジメントとアポロ13 … 011

CHAPTER **01**

ITサービスマネジメントとは

－ITサービスの価値を高めるために－	012
サービスとサービスマネジメント	013
サービスとは	013
ITサービスとは	014
サービスにおける価値	016
ITサービスマネジメントとは	018
ITサービスマネジメントの教科書・ITIL	019

CHAPTER **02**

『アポロ13』でITSMを学ぶ意義

－アポロ計画とビジネスストラテジの共通点－	022
なぜ『アポロ13』でITSMを学習するのか	023
アポロ計画の歴史	024
アポロ計画の具体的な背景	027
ビジネスも"背景"が重要	030
映画『アポロ13』の主要な登場人物	030
アポロ13号・宇宙船の仕組み	033
Column	034

まえがき

　ビジネスを取り巻く環境の変化は増々加速しています。企業ビジネスの推進においては、より一層のグローバル化やITを活用したビジネスイノベーションが必須となりました。ITの世界においても、IoT、Cloud、Big DataやIndustry 4.0など、最新のテクノロジや考え方など急速に進化しており、多くの企業経営者はグローバル化推進や、ビジネスイノベーションを主導し、ビジネスにおける競争優位性を維持するためには、IT部門（組織）の強いリーダーシップが鍵となると考えています。

　IT部門はこれら最新のビジネス変化にタイムリーに対応していかなければなりません。即ち、IT部門がビジネスに価値を提供するためには、今まで主に取り組んできたビジネスアプリケーション・サービスの構築と日々のオペレーションに加えて、グローバル化とそのガバナンス（統治）やITを最大限活用したビジネスイノベーション創出の双方を実行できる能力を備える必要があるのです。その重要な基礎となる考え方や手法として、世界中の非常に多くの企業においてITサービスマネジメントがあらためて見直され実践されています。

　しかし、日本においては未だITサービスマネジメントの理念や考え方が正しく広がっているとは言えません。そこで本書では、ITサービスマネジメントの理念や考え方をより具体的に楽しみながら理解できるように、映画『アポロ13』を題材にした手法を採っています。必ずしも前から順番に読む必要はありません。興味のある章からお読みください。読者の皆様のITサービスマネジメントの理解にご活用いただければ幸いです。

　共著者である谷さんは、アポロ13を題材にしたITサービスマネジメントのワークショップ・トレーニングを作成され提供されています。資格取得のためだけではなく、ITサービスマネジメントの基本や理念、本質を解説される数少ないトレーナーです。大変お忙しい中、本書執筆と出版を成し遂げられた谷さんに、心より御礼とお祝いを申し上げます。

2016年9月　久納 信之

Column 116

第4部
サービスデザイン 117

CHAPTER **09**
「絶対に死なせません」
ーサービスレベル管理ー 118
SLAとは 121
SLAを取り巻くその他の文書 122
SLAに記載すべきこと、記載すべきでないこと 127
ITのバリュー・チェーンを考える 130
『アポロ13』における事例 131

CHAPTER **10**
「チャーリー・デュークが風疹にかかっている」
ー可用性管理ー 136
可用性とは 141
可用性管理とは 142
可用性の3要素 145
『アポロ13』における事例 149
Column 152

CHAPTER **11**
「問題は電力だ。電力がすべて」
ーキャパシティ管理ー 154
キャパシティとは 159
キャパシティ管理とは 159
キャパシティ管理の3要素 161
需要管理 162
『アポロ13』における事例 165

| 映画に見られる、その他のエピソード | 169 |
| Column | 171 |

CHAPTER 12
「トラブルが発生した」
－ITサービス継続性管理－ ... 172

継続性とは	180
ITサービス継続性管理とは	181
事業継続性計画	182
冗長化とSPOF	184
『アポロ13』における事例	184
映画に見られる、その他のエピソード	188

第5部
サービストランジション ... 191

CHAPTER 13
「なんとかして、この四角をこの筒にはめ込むんだ」
－構成管理－ ... 192

構成アイテムとは	195
構成管理とは	196
『アポロ13』における事例	198
Column	201
もし、NASAがITILを参照していたら	202

CHAPTER 14
「この飛行計画は忘れよう」
－変更管理－ ... 204

変更とは	208
変更管理とは	209
変更の種類	210
変更に関する重要な用語	212

『アポロ13』における事例 ……………………………………… 215
映画に見られる、その他のエピソード ………………………… 217

CHAPTER 15
「こちらヒューストン。打ち上げ準備完了です」
－リリース管理－ …………………………………………… 222

リリースとは ……………………………………………………… 225
リリース管理とは ………………………………………………… 226
『アポロ13』における事例 ……………………………………… 228
映画に見られる、その他のエピソード ………………………… 229

第6部
継続的サービス改善 ……………………………………… 231

CHAPTER 16
アポロ計画は改善のかたまり
－継続的サービス改善－ …………………………………… 232

継続的改善とは …………………………………………………… 233
KPIの策定 ………………………………………………………… 233
KPIの例 …………………………………………………………… 236
サービスは改善とともに見直される …………………………… 238
IT投資とROIとSLA ……………………………………………… 239
SLAとコスト改善 ………………………………………………… 241
もし、NASAがITILを参照していたら ………………………… 243
Column …………………………………………………………… 245

あとがき …………………………………………………………… 248
付録 ………………………………………………………………… 249
索引 ………………………………………………………………… 251
参考資料一覧 ……………………………………………………… 254
著者紹介 …………………………………………………………… 255

ITIL は AXELOS Limited の登録商標です。PMBOK はプロジェクトマネジメント協会
（Project Management Institute, Inc.）の登録商標です。
本書に記載されている会社名、製品名は、一般に各社の登録商標または商標です。また、本
文中では ™、©、® マークは省略しています。

カバーと本文中の一部に使用している宇宙船の写真は、大人の超合金『アポロ 13 号 ＆ サター
ン V 型ロケット』（株式会社バンダイ）の商品を素材として用いました。

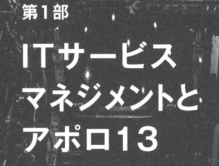

1

第1部

ITサービスマネジメントとアポロ13

サービスとは何でしょうか。サービスマネジメントとは何でしょうか。私たちは、なぜサービスマネジメントを学ばなければならないのでしょうか。そして、なぜ『アポロ13』でサービスマネジメントが学べるのでしょうか。第1部では、それを明らかにしていきます。

CHAPTER

01

ITサービスマネジメントとは

ITサービスの価値を高めるために

ここでは、「ITサービス」と
「ITサービスマネジメント」について、
その本質を紐解いてみることにします。
ITがサービスだとは、一体どのようなことをさしているのでしょうか。
そして、ITサービスを提供し続けるためのITサービスマネジメントとは、
どのような活動のことを指すのでしょうか。

サービスとサービスマネジメント

近年、IT業界で「ITサービス」という言葉が頻繁に使われるようになりました。IT(Information Technology)という言葉が一般的に使われるようになったのは1980年代だそうですが、ITサービスという言葉が日本で使われるようになったのは21世紀に入ってからのようです。

では、「ITサービス」とは何でしょうか。それを理解するためには、まず「サービス」とは何か、ということを理解しなければなりません。

サービスとは

サービスとは、有償か、無償かにかかわらず、「顧客に価値を提供する活動」のことです[1]。

サービスには、次の特徴があります。

- 何らかの目的をもった「顧客」が存在し、顧客がその目的を達成したいと考えていること
- 顧客の目的達成の手助けをすること

2つ目に挙げた「手助け」という点がとても重要です。サービスの本質は「手助け」であるため、目には見えない無形の価値を提供します。

一方、サービスの反対の意味で用いられる言葉が「製品」です。製品も顧客に価値を提供します。しかし、製品を手に入れた顧客は、自らその製品を使って、自力で目的を達成します。製品は、言うならば製品そのものが有形の価値を顧客に提供していることになります。

たとえば、東京から大阪に移動するという目的をもった人のことを考えます。この人が目的を達成するためには、次に挙げるようなさまざまな方法が考えられます。

---

1. 企業におけるサービス活動は、そのほとんどが有償です。Googleは無償でサービスを提供しているように見えますが、実際にはサービスを利用している人に広告を見せ、企業から広告収入を得ることによって利益を得ています。

このうち、顧客が「手助けを受けて目的を達成する」ために借りる手助けがサービスであり、「自力で目的を達成する」のに必要なものが製品です。

別の捉え方もできます。自転車、バイク、自動車などは、顧客がその製品を買うことができます。一方、バスや電車は製品として売っているものではありません。電車の切符は、「電車に乗る権利」という無形の価値を買っていると考えられます。無形では困ることがあるので、切符という有形のものに姿を変えているに過ぎないのです。

自力で目的を達成する（製品）	手助けを受けて目的を達成する（サービス）
● 歩く	● ヒッチハイクをする
● 自転車をこぐ	● タクシーに乗る
● バイクを運転する	● 高速バスに乗る
● 自動車を運転する	● 電車（新幹線）に乗る
● 船をこぐ	● 旅客船に乗る
● 自家用飛行機を操縦する　　など	● 旅客機に乗る　　など

目的達成のための方法

ITサービスとは

ITサービスとは、「ITが提供するサービス」のことです。

前述のとおり、顧客が自らの目的を達成しようとする際には、「製品を買って自力で目的を達成する」か、または「サービスという形で手助けを受けて目的を達成する」かのどちらかを選択できます。

たとえば、スマートフォン（以下スマホ）で撮影した写真を印刷する、という目的を持った人を考えます。製品を使った場合とサービスを使った場合とでは、顧客はそれぞれ次のようなステップを踏んで目的を達成することでしょう。

製品を買って自力で目的を達成する手順	サービスを受けて目的を達成する手順
1. スマホで写真を撮る 2. パソコン、画像編集ソフト、プリンタを用意し、適切にセットアップする 3. 画像編集ソフトに写真を取り込む 4. 必要に応じて写真を加工する 5. プリンタで印刷する	1. スマホで写真を撮る 2. デジカメプリントサービスのある店舗に行く 3. サービス機に写真を取り込む 4. 印刷したい写真を選択する 5. 必要に応じて写真を加工する 6. 印刷する

目的達成の方法の違い

　上記の例では、サービスを受けるために「店舗に行く」と書いてありますが、昨今では自宅からインターネット経由で印刷の注文を行い、写真をコンビニエンスストアで受け取る、というようなものもあります。サービスは場所を選びません。

　今や、ITサービスはあらゆる場所で利用されています。

自宅・オフィス

公共交通機関の制御

銀行・金融機関

病院・診察機関

スーパーのレジ

郵便・宅配

　ITが欲しくて（あるいは、コンピュータ・システムを持ちたくて）コンピュー

タを買う人はいません。特にビジネスの世界ではそうです。人や組織は、目的を達成したいから、その目的を達成するためにITの力を借りたいから、コンピュータを買うのです。重要なことは、ITサービスは単独では存在しない、ということです。そこには必ず誰かの目的があります。そして、ITサービスはその目的達成の支援をする、という形で存在しています。

サービスにおける価値

　前述のとおり、ITサービスは顧客の目的達成を支援しなければなりません。顧客は、ITサービスが自分の目的達成の役に立ったと感じた場合、そのITサービスに価値を見いだします。

　価値の低いサービスを利用したいとは思わないでしょう。また、Aさんにとって価値のあるサービスが、Bさんには何の価値ももたらさない、という場合もあります。それでは、価値の正体は何でしょうか。

　サービスにおける価値には、2つの側面があります。

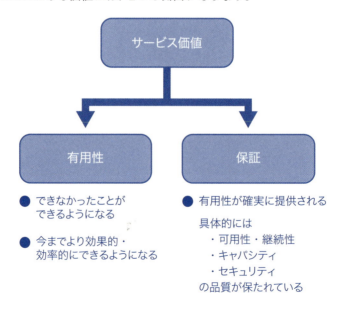

➡ 有用性

　そのサービスを使うことによって、今までできなかったことができるようになったり、今までよりも効果的・効率的にできるようになったりすると、そのサービスは価値がある、と考えます。

　前述の例では、スマホは持っているがパソコンやプリンタは持っていない、という人は、せっかく写した写真を自力で印刷することができません。そんな人の自宅の近所に、デジカメプリントサービスをやってくれる店舗ができたとします。この人は、その店舗に行けば写真を印刷できるようになったわけですから、デジカメプリントサービスは、この人に「有用性という価値」をもたらしたことになります。

　また、今まで店舗に行かなければ印刷ができなかったという状態から、インターネット経由でスマホから直接印刷の注文ができ、写真は近所のコンビニに取りに行く、というようにデジカメプリントサービスが拡張されれば、わざわざ店舗に行く必要がなくなった、という点において、このサービスは「有用性を高めた」ことになります。

➡ 保証

　有用性が確実に提供される度合いが高ければ高いほど、そのサービスは価値がある、と考えます。

　たとえば上記の例では、店舗のデジカメプリント機が故障しない、台数が多く設置されているのでいつ行っても待たされずに済む、印刷スピードが速い、といったような要素がこれにあたります。

　重要なのは、有用性と保証の両方が満たされて、初めてそのサービスは価値がある、と考えることです。いくら写真が印刷できる（有用性がある）といっても、いつも故障している、いつも長時間待たされる、印刷スピードが極めて遅い（保証がない）、というのでは、そのデジカメプリントサービスは価値があるとは言えません。

　ITサービスの場合、これらの価値は次のように考えることができます。

有用性	保証
● 必要な機能が提供されているか ● 使い方がすぐわかるか ● 使いやすいか ● 必要な機能追加や改善が適切に行われているか	● 障害が発生しにくいか ● 障害発生時、迅速に復旧するか ● 地震や台風などの災害に強いか ● 適切な性能や容量が提供されているか ● 情報セキュリティの脅威はないか

ITサービスにおける有用性と保証

ITサービスマネジメントとは

　ITサービスを提供する事業者のことを、ITサービス・プロバイダと言います。ITサービス・プロバイダは、顧客が望む価値をITサービスに乗せて提供することに責任を負い、ITサービスが価値を提供し続けられるよう努力を続けなければなりません。

　そのために、ITサービス・プロバイダは、次のようなことを考え、実践する必要があります。

- 顧客が求める価値は何か、ということを正確に理解する
- 自分たちが顧客に提供できる、あるいは提供すべき価値は何か、ということを把握する
- 顧客に提供できる、あるいは提供すべき価値をどのようにして提供するか、計画をたてる
- 顧客の要求に過不足なく応えることのできるITサービスを設計する
- 設計したITサービスを間違いなく本番稼働環境に持ち込み、稼働を開始する
- 稼働中のITサービスの不具合をいち早く検出し、適切に処置してその不具合を取り除く
- 自分たちのやり方に誤りはないか、非効率なところはないか、顧客が望む価値を本当に提供し続けることができているか、を適切に観察し、必要に応じて改善する

これらのことを効果的、効率的に行うためには、体系だった管理手法が必要です。行き当たりばったりのやり方を続けていたり、不具合が発生してから対応策を考えていたりしたのでは、「顧客に価値を提供し続ける」ことはできません。

　この、サービスを効果的に、効率的に管理するための手法のことを、サービスマネジメントと言います。また、ITサービスの管理手法のことを、特にITサービスマネジメント（IT Service Management）と言います。ITサービスマネジメントのことを、略してITSMということもあります。

ITサービスマネジメントの教科書・ITIL

　ITサービス・プロバイダがITサービスマネジメントを実践するには、綿密な計画と構造化されたアプローチが必要です。それを一から構築していくのは非常に大変です。そこで、ITサービスマネジメントを体系的にまとめた教科書のようなものが必要になります。

　ITサービスマネジメントの教科書的な存在のものに、ITIL（IT Infrastructure Library）があります。もともとITILは、英国政府が1980年代にまとめた、ITの利活用の成功事例集です。現在では改訂が進められ、ITサービスマネジメントにおけるベストプラクティス（最善のやりかた）として世界中に普及しています。

　ITILでは、ITサービスをライフサイクルで捉え、そのライフサイクルの各段階を4つに分類して説明しています。その段階を、それぞれ「サービスストラテジ（戦略）」、「サービスデザイン（設計）」、「サービストランジション（移行）」、「サービスオペレーション（運用）」と言います。さらに、各段階において、継続的な改善が必要であると説いています。各段階をわかりやすくするために、ITサービスマネジメントをプロセス（達成目標やその目標達成のための具体的な手順、測定指標などをまとめたもの）と機能（プロセスを実行する

ための部署や役割)とで説明しています。

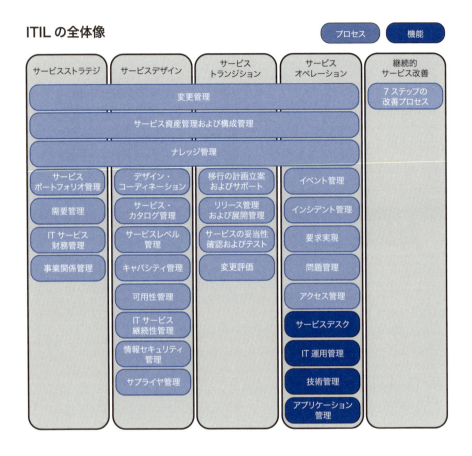

ITILの全体像

　ITILを理解しているかどうかを測るための資格試験に、ITIL Foundationがあります。2016年6月30日現在で、日本国内でおよそ15万9千人の資格取得者がおり、その数は日に日に増えています。また、その上位資格であるITIL Intermediateは約6,600人、ITIL Expert資格は約1,600人います（いずれも2016年6月30日現在の日本国内の人数。EXIN Japan調べ)。

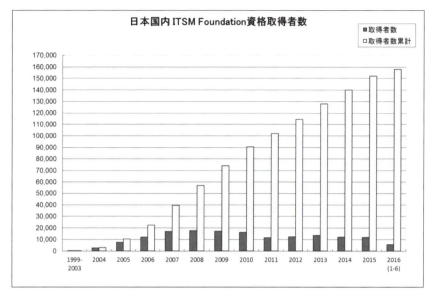

ITIL Foundation 資格取得者数推移

　本書では、このITILを基に、ITサービスマネジメントの概念や基本理念を解説していきます。ただし、注意してください。本書では、ITILを忠実に説明しているわけではありません。読者の方々にとってよりわかりやすく、受け入れやすく読んでいただくために、ITILを翻案しています。

　しかし、ITサービスマネジメントの最も重要な考え方はほとんどを網羅したつもりです。また、ITILでは紹介されていない考え方も、筆者の経験を基に説明しています。ITILのほかの書籍と一緒に読んでいただくことで、ITILをさらに理解できる本を目指しています。

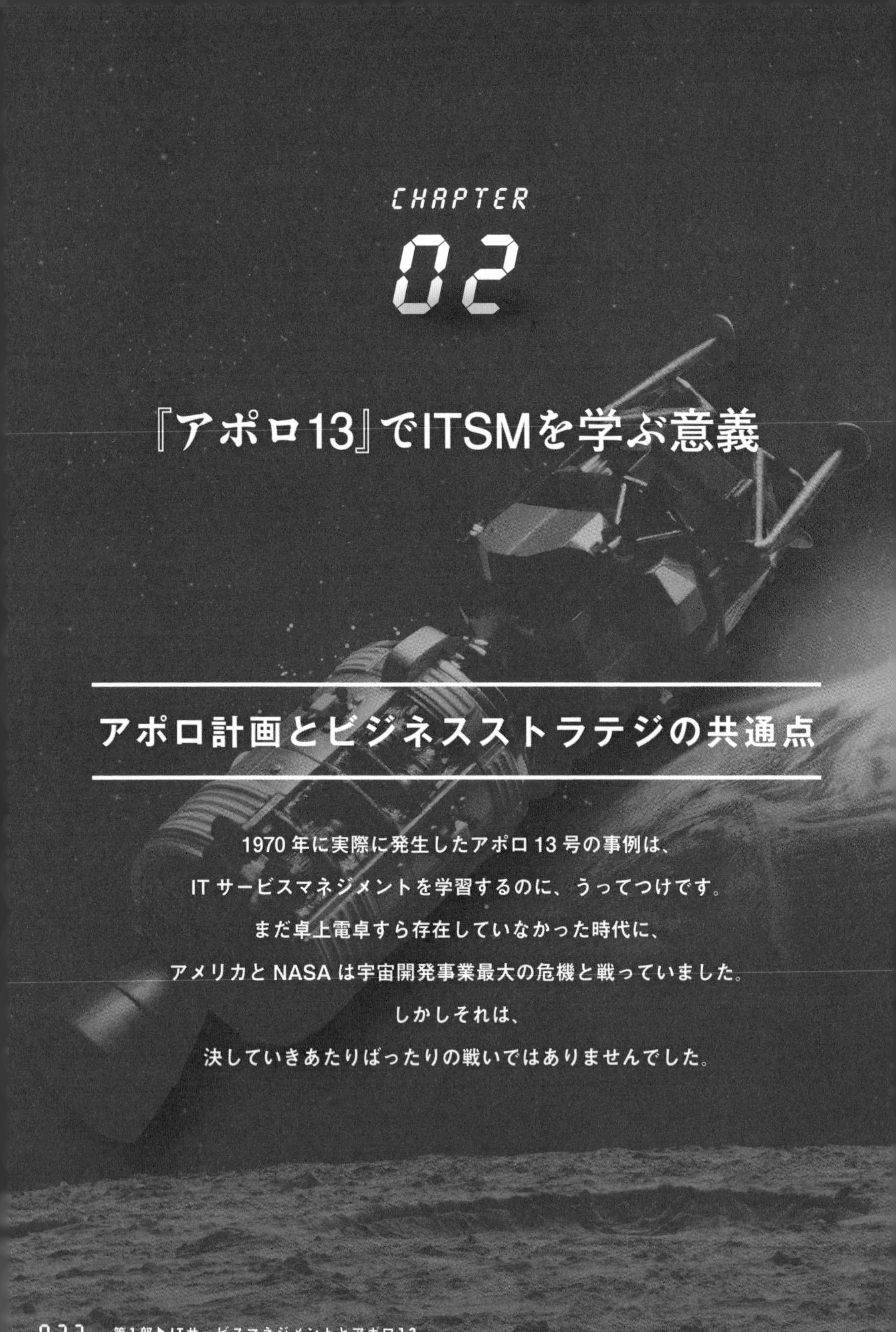

CHAPTER

02

『アポロ13』でITSMを学ぶ意義

アポロ計画とビジネスストラテジの共通点

1970 年に実際に発生したアポロ 13 号の事例は、

IT サービスマネジメントを学習するのに、うってつけです。

まだ卓上電卓すら存在していなかった時代に、

アメリカと NASA は宇宙開発事業最大の危機と戦っていました。

しかしそれは、

決していきあたりばったりの戦いではありませんでした。

なぜ『アポロ13』でITSMを学習するのか

Film © 1995 Universal Studios. All Rights Reserved.

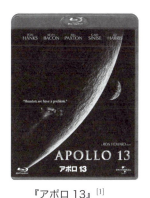

『アポロ13』[1]

ブルーレイ ¥1,886+ 税　DVD ¥1,429+ 税
発売元：NBCユニバーサル・エンターテイメント

　アポロ13号の宇宙における事故において、3人の宇宙飛行士は地球に帰れないという絶体絶命の危機にさらされます。しかし、NASAの叡智によりその危機（インシデント）は1つ1つ解決され、彼らは無事に地球生還を果たしました。これは、後に「輝かしい失敗」、または「成功した失敗」と呼ばれ、ナレッジとしておおいに参考にされています。アポロ13号が実際に遭遇したさまざまな不具合を単なる経験や勘ではなく（結果的に）ITSMの方式に従って解決し、不可能と言われた全員生還を果たしています。アポロ13号の史実は、（結果論ではありますが）まさにITSMの成功事例なのです。

　そのアポロ13号の事例を史実に基づいて忠実に再現した映画が、1995年にユニバーサルスタジオによって公開された『アポロ13』です。この『アポロ13』を題材にITSMを学習することによって、次のようなメリットをもたらします。

---

1. 映画『アポロ13』の商品に関する情報は、2016年9月現在の情報です。

- 扱う事例がフィクションではなく、史実に忠実に基づいて作られたストーリーなので、臨場感やリアリティのある考察が可能になる
- ITそのものの事例を使わないことで、ITサービスやITSMについて詳しく知らない人にもわかりやすく説明できる。その一方で、映画にはコンピュータや機械設備が数多く登場するので、まったく別の事例という印象も薄い
- 映像を題材にすることで、高いモチベーションを維持した学習が可能
- 非常に印象深く学習でき、学習内容が記憶に残る

　映画『アポロ13』は娯楽映画ですが、史実を忠実に伝えるドキュメンタリーという見方も可能です。それは、この映画を製作したロン・ハワード監督や主演のトム・ハンクスが、とことんリアリティにこだわったからです。本書では、映画『アポロ13』を、事実を追った記録映画である、とみなして説明しています。

　また、本書で紹介している映画内でのセリフは、すべて日本語吹き替え版のものを採用しています。原語ではどのように話されていたか気になる方、映画を全編通してご覧になりたい方は、ぜひお買い求めになるか、あるいはお借りになるかして、確認してみてください。

アポロ計画の歴史

　アポロ計画はアメリカにおける月への有人宇宙飛行計画で、1957年から1975年まで続いた米ソ間の宇宙開発競争の一部です。
　当時、米ソ間は冷戦のさなかにありました。米ソは実際に戦争をする代わりに、ありとあらゆるジャンルで競い合いました。中でも宇宙開発技術は、そこで培われた技術が平和利用にとっても軍事的目的にとっても大変重要であると位置づけられ、莫大な費用と人材を投じられました。

日時	内容	国	計画名
1957年8月21日	初の大陸間弾道ミサイル (ICBM)	ソビエト連邦	R-7 ロケット SS-6 Sapwood
1957年10月4日	初の人工衛星打ち上げ	ソビエト連邦	スプートニク 1 号
1957年11月3日	初の地球周回軌道への犬打ち上げ	ソビエト連邦	スプートニク 2 号
1958年1月31日	初のアメリカの人工衛星／ヴァン・アレン帯の観測	ABMA	エクスプローラー 1 号
1958年12月18日	初の通信衛星打ち上げ	ABMA	スコアー計画
1959年1月4日	太陽観測衛星	ソビエト連邦	ルナ 1 号
1959年2月17日	気象衛星	NASA (NRL)	ヴァンガード 2 号
1959年6月	偵察衛星	アメリカ空軍	ディスカバラー 4 号
1959年8月7日	宇宙空間からの地球撮影	NASA	エクスプローラー 6 号
1959年9月14日	月探査機	ソビエト連邦	ルナ 2 号
1959年10月7日	月の裏側撮影	ソビエト連邦	ルナ 3 号
1961年4月12日	有人宇宙飛行	ソビエト連邦	ボストーク 1 号
1962年7月10日	初の実用通信衛星	AT&T	テルスター衛星
1962年9月29日	非大国による人工衛星	カナダ	Alouette1 号
1963年6月16日	女性の宇宙飛行	ソビエト連邦	ボストーク 6 号
1965年3月18日	宇宙遊泳	ソビエト連邦	ボスホート 2 号
1965年12月15日	周回軌道でのランデヴー	NASA	ジェミニ 6 号／ジェミニ 7 号
1966年3月1日	金星への地表探査機投入	ソビエト連邦	ベネラ 3 号
1966年3月16日	衛星軌道でのランデヴー及びドッキング	NASA	ジェミニ 8 号
1968年12月24日	月周回軌道への有人宇宙船投入	NASA	アポロ 8 号
1969年7月20日	人類初の月面着陸	NASA	アポロ 11 号
1971年4月23日	宇宙ステーション	ソビエト連邦	サリュート 1 号
1971年11月14日	火星への周回軌道投入	NASA	マリナー 9 号
1972年11月9日	静止軌道への静止衛星投入	カナダ	アニーク A1
1975年7月15日	初のアメリカ・ソビエト合同ミッション	ソビエト連邦・NASA	アポロ・ソユーズテスト計画

（フリー百科事典　ウィキペディア日本語版　「宇宙開発競争の年表」　から引用）

　大陸間弾道ミサイルの発射、人工衛星、無人月探査、有人飛行、宇宙遊泳などでいずれも「人類史上初」の偉業を成し遂げたのはソビエト連邦でした。アメリカは、なんとかして「ソ連よりもアメリカの方が優れている」という印象を内外に植え付ける必要がありました。

　そのために選ばれたのが、「月の有人探査」でした。1961年5月25日、当時のアメリカ大統領であるジョン・F・ケネディが、アポロによる月面着陸計画の支援を表明します。月面着陸は、当時のアメリカの技術では達成不可能とも言えることでした。しかし、NASAのメンバは、その不可能を可能にしたのです。1969年7月20日、アポロ11号において、ニール・アームストロング、バズ・

オルドリンの2名の宇宙飛行士が、人類史上初の月面着陸に成功しました。そのときにはすでに故人になっていたケネディ大統領の約束を、NASAが果たした瞬間でした。

　アポロ計画全体では、19回の飛行が行われ、そのうち6回が月面着陸に成功しています。また、宇宙ステーションの実験も行われています（アポロ17号までを「アポロ計画」とする説もあります）。

日時	主な目的・成果	計画名
1966年2月26日	司令船、支援船を初めて打ち上げる（無人飛行）	アポロ AS-201 （通称アポロ 1A）
1966年7月5日	燃料タンクとロケットの性能試験（無人飛行）	アポロ AS-203 （通称アポロ 2 号）
1966年8月25日	司令船の大気圏再突入試験（無人飛行）	アポロ AS-202 （通称アポロ 3 号）
1967年1月27日	訓練中に火災事故が発生し、3 人の宇宙飛行士の命を失う	（アポロ 1 号の事故）
1967年11月9日	サターン V ロケットの試験、及び司令船の大気圏再突入試験（無人飛行）	アポロ 4 号
1968年1月22日	月着陸船の初の飛行試験（無人飛行）	アポロ 5 号
1968年4月4日	最後の無人飛行試験（無人飛行）	アポロ 6 号
1968年10月11日	アポロ計画初の有人飛行試験、及び地球周回飛行	アポロ 7 号
1968年12月21日	人類史上初の月周回飛行で、ジム・ラベルが司令船操縦士を務める	アポロ 8 号
1969年3月3日	初の有人月着陸船試験で、司令船と月着陸船のドッキング試験も行われた	アポロ 9 号
1969年5月18日	月周回飛行における、月着陸船の試験	アポロ 10 号
1969年7月16日	人類史上初の月面着陸に成功	アポロ 11 号
1969年11月14日	月面へのより高精度な着陸	アポロ 12 号
1970年4月11日	輝かしい失敗	アポロ 13 号
1971年1月31日	アポロ 13 号の着陸予定地だったフラ・マウロ高地に着陸	アポロ 14 号
1971年7月26日	初の月面車を用いての飛行で、科学調査に重点が置かれた	アポロ 15 号
1972年4月16日	アポロ計画史上最大の 11kg の岩石を持ち帰る	アポロ 16 号
1972年12月7日	最後の月面着陸、かつ史上初の科学者出身の宇宙飛行士の月面着陸	アポロ 17 号
1973年5月14日	宇宙ステーション「スカイラブ」の打ち上げ（無人飛行）	スカイラブ 1 号
1973年5月25日	アメリカ初の宇宙ステーション有人ミッションで、スカイラブに 28 日間滞在	スカイラブ 2 号
1973年7月28日	宇宙空間における人体への影響を調査、スカイラブに 59 日間滞在	スカイラブ 3 号
1973年11月16日	宇宙から地球や太陽を観測、スカイラブに 84 日間滞在	スカイラブ 4 号
1975年7月15日	アメリカとソ連の初の共同飛行試験で、宇宙開発競争の終焉の象徴	アポロ・ソユーズテスト計画

（フリー百科事典　ウィキペディア日本語版　「アポロ計画」の情報を基に作成）

象徴的なのは、1975年に行われたアポロ・ソユーズテスト計画でしょう。ここで初めて、アメリカとソビエト連邦は共同で宇宙飛行プロジェクトを実現するに至ります。これはアポロ計画最後のミッションであると同時に、長年続いた宇宙開発競争の終わりを意味するものでした。

　20年近く続いた宇宙開発競争は、さまざまな財産を後世に残しました。人工衛星の実現、コンピュータの集積率のアップ、燃料電池や太陽電池の実用化、宇宙の歴史の探求といった工学的・科学的なものから、地球はほかの惑星と同じく単なる星の1つに過ぎない、という事実の再認識、環境保護や世界平和への意識の高まり、宇宙旅行の実用化の可能性、などの文化的な影響も数多く与えています。さらに、大陸間弾道ミサイル、軍事目的の人工衛星の開発といった、軍事技術の革新にも大きな進歩をもたらしました。

アポロ計画の具体的な背景

　ではここで、アポロ計画の概要について、もう少し詳しく見ておきましょう。計画の具体的な背景を知ることで、アポロ計画の見方、映画そのものの見方が変わります。

　アポロ計画は、単純に初めての挑戦、あるいは人命をかけた挑戦、という表現では片付けられない部分がたくさんあります。もちろん、伊達や酔狂で月面着陸に挑戦した物語、でもありません。なぜ、周到に計画され、段階（Phase）を踏みながら、しかも幾重にもバックアップ（冗長化）を用意して計画を進めていったのでしょうか。なぜ、アメリカ合衆国は国を挙げて、あるいは資本主義陣営のリーダーとして、威信を賭けてこの計画に取り組んだのでしょうか。

　この「なぜ」を知ることの重要性は、ビジネスの世界でも同じです。なぜ、あなたの会社はその活動をお金や時間をかけて取り組んでいるのでしょうか。単にお金儲けのためだけでしょうか。ビジネスの背景を知ることで、ビジネスそのものの見方が変わります。創業時の歴史や、創業者が守り続けた思いや信

念、苦しんだ時代に学んだ教訓などを知れば、現状のビジネス目標や戦略をより深く知ることができます。

　ITSMやITILは、最終的にはビジネスの結果に貢献、責任を持つことが目標だと解説されています。ビジネスの背景を知ること、そこから現在と将来を推測することが、ITSMのスタートかもしれません。

　さて、アポロ計画の概要です。

　少し前でも触れたとおり、1960年代の世界は、冷戦のまっただ中でした。アメリカ・イギリス・フランス及びほかの西ヨーロッパ諸国を中心とする資本主義（あるいは民主主義）と、ソビエト連邦（ソ連）や東ヨーロッパ諸国を中心とする共産主義とが激しく対立していました。「東西冷戦時代」とも呼ばれていました。

　ドイツは共産主義と資本主義によって東西に分割され、旧ドイツの都市ベルリンは、壁と鉄条網によって分断され、自由に行き来することができない状況でした。同様に、第二次世界大戦の結果として朝鮮半島は北朝鮮と大韓民国に、ベトナムも南北ベトナムに国家が分断され、資本主義（民主主義）と共産主義とにそれぞれ支配されていたのです。

　共産主義国家の中心がソビエト連邦、資本主義の中心はアメリカ合衆国であり、互いに経済力と軍事力を背景に覇権を争っていました。

　そのような背景の下、資本主義陣営は危機感を持っていました。第二次大戦後の朝鮮半島やキューバなどのように、革命という名の下に、立て続けに武力で共産主義化されていくことに対する危機感です。資本主義陣営は、それをドミノ（ドミノ倒しのように、国が共産主義によって立て続けに倒されてしまう）と呼んでいました。彼らは、ドミノを止める必要がある、と考えていたのです。そしてこのときソ連は、中国（当時の中国は経済力、国力がまだ小さかった）と共に北ベトナムと南ベトナム解放軍（南ベトナム解放民族戦線・南ベトナムの独立／統一を目指す組織）を支援していました。

　ソ連はソ連で、共産主義が正しいものであり、経済も発展する、ということを世界に対して証明する必要がありました。それとは別に、核兵器や弾道ミサ

イルを開発し、それらの平和利用として宇宙開発を押し進めました。世界初の人工衛星打ち上げや、人類最初の宇宙飛行を次々と成功させていったのです。宇宙開発とはまさに軍事ロケット開発、大陸間弾道ミサイル開発そのものです。ソ連の宇宙開発がアメリカに比べて先に進んでいることは、ソ連の軍事技術がアメリカよりも優れている、ということとイコールです。アメリカ国民にとっては、アメリカはソ連に対して、ミサイルの性能において遅れを取っている、という恐怖につながっていたのです。

　一方、アメリカはほかの資本主義（民主主義）同盟国と共に、共産主義によるドミノ化を阻止すべく、ベトナムで南ベトナム軍と共に（韓国やオーストラリアなども加わっていました）北ベトナム軍や南ベトナム解放軍と戦争をしていました。一時期は50万の兵力を超える軍隊を送り込み、海からは戦艦が砲撃し、航空母艦から爆撃を行い、日本の沖縄からも大型の爆撃機が飛び立って爆撃を行いました。

　民主主義国家では戦争の状況を報道することは自由です。賛成反対の意見を言うことも自由です。当然のことながら、戦争の悲惨な映像も流されます。それらの悲惨な映像を見て、ベトナム戦争に対する厳しい意見を言う人も多く存在しました。戦争に反対するデモ等も世界中で行われていました。アメリカ国家としては、人々に対してベトナム戦争のことを忘れてほしい、興味を持たないでほしい、と思っていました。ベトナムで大規模な軍事作戦を実行する際には、国民あるいは世界の人々の目をベトナム戦争から離れさせることが必要でした。アポロ計画は、そうした「国民の目をベトナム戦争から離れさせる」スケープゴートとしてうってつけでした。人類史上、初めて人類が月へ到達する…世界中の人々の注目を集める最高のイベントだったと言えます。

　また、宇宙開発競争でソ連に遅れを取っていたアメリカとしては、ここでなんとしても一発逆転ホームランが欲しかったところです。資本主義の正当性と発展性を証明すべく、その威信をかけてアポロ計画を成功させる必要がありました。事実、ソ連が人類史上初の有人宇宙飛行を成功させた1961年4月12日からわずか1ヶ月半後に、第1章で述べたケネディ大統領の月着陸計画支援の表明がなされています。アメリカはそれだけ焦っていた、とも考えられます。

ビジネスも"背景"が重要

　さて、このような話を一般的な会社やビジネスの世界で置き換えてみましょう。その会社の歴史の長さに大きな違いはあるにせよ、会社の成り立ち、原理原則とするもの、ポリシー、創業者の言葉やDNA等に、アポロ計画と同様の背景を読み取ることができるのではないでしょうか。競合他社とは共通しない独自のものや、絶対に譲れない考え方などがそれぞれにありそうです。そしてここまで発展を遂げてくるにあたって乗り越えてきた危機や、達成してきた挑戦なども、きっとあったことでしょう。

　それらの背景の上に、現在から今後数年で達成しなければならない新たな目的・目標が指示されているのではないでしょうか。

　"背景"を明確にすることによって　会社内のすべての部門が会社の目的・目標を達成すべく、それぞれに戦略と実行の計画を策定することになるわけです。会社の目的・目標に紐づかないIT単独、独自の戦略を立てても駄目だということです。

映画『アポロ13』の主要な登場人物

　ではここで、本書にも登場する、映画『アポロ13』の主要な登場人物をご紹介しましょう。

⇒ ジム・ラヴェル

アポロ13号の船長で、この映画の主人公です。
アポロ8号では、司令船の操縦士を務めました。
常に冷静・沈着に判断・行動できる、頼もしいリーダーです。

⇒ フレッド・ヘイズ

アポロ13号の月着陸船（アクエリアス）操縦士です。

途中、40度もの高熱を出し、苦しみます。しかし、その高熱に耐え、最後まであきらめることなくミッションをやり遂げました。

ケン・マッティングリー

アポロ13号の司令船（オデッセイ）操縦士です。
しかし、医師から風疹に感染した疑いをかけられ、任務を降ろされてしまいます。その後も、今回の地球生還における影の功労者として活躍します。

ジャック・スワイガート

ケンが降ろされた後、正式にアポロ13号の司令船操縦士に任命された、元バックアップ・クルーです。NASA史上初の独身宇宙飛行士で、プレイボーイ。当時はそのことをかなり冷やかされたようです。

ジーン・クランツ

NASA管制センターにおける主席飛行管制官（フライト・ディレクター）で、今回のミッションの指揮官です。みんなは彼のことを、敬意を込めて「フライト」と呼びます。
史実ではほかにも数人の指揮官がいますが、映画では巧みに省略されています。

トーマス・ペイン

NASA長官、一番偉い人です。
説明責任を全うすることに専念し、現場にはあまり口を出しません。
管制センターでは一言もしゃべらず、権限移譲を貫きます。

ディーク・スレイトン

搭乗員業務部　部長。事実上の主席搭乗員で、宇宙飛行士たちのボスです。

1959年から1963年にかけて行われた有人宇宙飛行計画、「マーキュリー計画」において、「マーキュリーセブン」と名付けられた7名の宇宙飛行士のうちの1人です。

⮕ ジャック・ルースマ

「キャップコム」と呼ばれる、通信担当官です。ミッション中の宇宙飛行士と直接会話できるのは、キャップコムのみです。実際にはほかにも数名のキャップコムがいましたが、劇中で確認できるキャップコムは彼を含め2名のみです。

⮕ サイ・リーバゴット

「EEコム」と呼ばれる、電気・室内環境担当官です。アポロ船内すべての環境面の面倒を見ています。酸素流出に対して、何もわからない状況で判断をしなければならなかったのは彼でした。

⮕ ジョン・アーロン

同じくEEコム担当で、アポロ13号が事故を起こしてから急遽ジーン・クランツのメンバに加入した、当時まだ26歳の青年でした。とことん電力にこだわった人です。
勉強熱心で、ジーン・クランツからすべての電力の責任を任されました。

⮕ エド・スマイリー

搭乗員システム部の部長。管制官ではなく、バックヤードで働く技術者です。
二酸化炭素が増えすぎるという問題に最初に気づいたのは、彼でした。
彼の功績で、後に「メールボックス」と呼ばれる応急のフィルタを作ることができました。

そのほかにもたくさんの人が出てきますが、本書で特にフォーカスを当てたいのは、この人たちです。もし映画を見る機会がありましたら、ぜひこれらの人たちに注目してご覧ください。

アポロ13号・宇宙船の仕組み

最後に、アポロ13号の宇宙船について、解説しておきましょう。

アポロ13号は、2つの宇宙船が合体したような形で月に向かいました。一方は、司令船と支援船とから成る、「オデッセイ」と呼ばれる部分です。司令船は、宇宙飛行士の居住空間です。支援船は機械船とも呼ばれ、水素タンク、酸素タンク、燃料電池、メインエンジンなどが搭載されています。そしてもう一方は、実際に月面に着陸するための月着陸船で、「アクエリアス」と呼ばれていました。

本書においても、司令船、支援船、オデッセイ（司令船＋支援船）、月着陸船（アクエリアス）という言葉がよく出てきます。どの部分のことを指しているか、確認しながらお読みください。

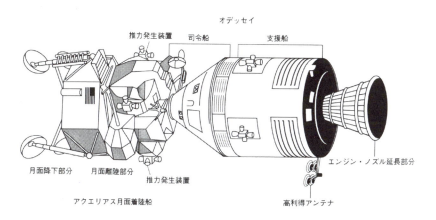

『アポロ13』（ジム・ラヴェル、ジェフリー・クルーガー 著・新潮社） より転載

Column

　ITILが策定された本当の理由は、1982年に勃発した「フォークランド紛争にある」という説があります。アルゼンチンとイギリスとの間に勃発した最新兵器戦争です。南極に近いフォークランド諸島は、当時イギリスによって統治されていました。これに対してアルゼンチンは、フォークランド諸島は自国の領土であると主張し続け、1982年3月19日、アルゼンチン海軍が突然フォークランド諸島を占領します。これがきっかけで両国は戦争を始めました。最終的には3ヶ月後の6月20日に、イギリス軍の勝利によって戦争は終結。このときイギリスは、海軍艦艇はもとより、民用のクイーンエリザベス2世号も徴用して、上陸部隊を地球の反対側のフォークランド諸島に差向けるのですが、準備に1〜2ヶ月を要します。アメリカ軍ならもっと早くに反撃できたはずなのに、何故自分たちはこんなに時間がかかったのか？ と、その原因を調べたのだそうです。すると、海軍、空軍、陸軍のコンピュータシステムが統合されておらず、機材やテクノロジも標準化されておらず、もちろんオペレーションのプロセスもばらばらであった、ということが1つの原因として挙がったのだそうです。そこで、最も効果的で効率的なコンピュータシステムやそのオペレーションは何か、ということを調べ、最終的にITILを策定するに至った、という隠れた逸話です。

　1980年代のアメリカ経済が右肩上がりの状態だったのに対して、イギリスの経済は長期低落状況にありました。一般にITILは、「イギリスの経済を立て直すには何が必要か？ ということを調査した一環で生まれた」と言われています。当時のイギリス・サッチャー政権の指示によって調査することになり、経済停滞の1つの要因として、イギリス企業のコンピュータシステム活用が効率的、効果的ではないということがわかった、と言われています。ならばベストプラクティスを調べてまとめようじゃないか、ということになり、ITILが誕生した、というのです。

　さて、ITIL誕生の本当のきっかけは、果たしてどちらなのか？ いずれにしても、サッチャー元首相が関係していることは間違いなさそうです。

2

第2部

サービス
ストラテジ

「ITサービスのライフサイクル上、最初
にはっきりさせなければならないことは
3つあります。1つ目は「私たちが存在
する理由は何か」、2つ目は「私たちの
顧客は誰で、何を望んでいるのか」、そ
して3つ目は「私たちは何を提供するの
か」です。

CHAPTER

03

「ニール・アームストロングが月に降り立ちました」

Neil Armstrong was landed on the moon

アポロ計画における戦略

第3章では、みなさんよくご存じの
PDCAサイクルについて解説します。
どんな活動にも、必ず目的が存在します。
その目的を達成するために計画をたて、
実行し、結果を測定して改善する
というサイクルを回すことで、
徐々に目的に近づいていくのです。

Scene Time ➡ 0:00'45"-

「今はなきケネディ大統領の呼びかけによってアポロ計画がスタートして、わずか7年のうちに、アメリカは人類史上最も大胆、危険、かつ偉大なる冒険にチャレンジするに至りました。

有人宇宙飛行計画にかけてはソ連に数年の遅れをとっていたうえ、アポロ1号のテスト中に火災事故が発生し、ガス・グリソム、エド・ホワイト、ロジャー・チャーフィーの3飛行士を失うという悲劇にも見舞われ、月面着陸でソ連に勝てる可能性は絶望的とされていました。

しかし、アポロ1号の惨劇から1年半経った今夜、世界中が見守る中、ニール・アームストロングとバズ・オルドリンが月に着陸したのです」

Scene Time ➡ 0:04'15"-

「ニール・アームストロングが月に降り立ちました。38歳のアメリカ人が、1969年7月20日、人類史上初めて月の表面を踏みしめました」

アナウンサーの声が、テレビから聞こえてくる。続いて、おそらくこの瞬間、世界中で最も注目されていたはずのアメリカ人、ニール・アームストロングの声が届く。

CHAPTER 03 アポロ計画における戦略

アポロ11号の月面着陸を見守る関係者たち

「1人の人間にとっては小さな1歩だが、人類にとっては大いなる飛躍だ」

037

PDCAサイクル

　前章でアポロ計画の背景をある程度明確にしたところで、次のステップとしてアポロ計画の戦略と設計構築はどのようにとりかかったのかを推測してみましょう。

　残念ながらアポロ計画そのものに参画したわけではない我々には推測することしかできませんが、この推測からもITSMの観点から多くを学ぶことができそうです。

　本書では、アポロ計画はその全体を意味し、アポロ13はアポロ計画の中の複数ある実施計画の中の1つ、ということで関係を整理しておきましょう。

　その前に、プロジェクトであれ、定型業務であれ、ありとあらゆるどんな活動にとっても非常に重要な、成功の法則とも言える考え方をおさらいしておきましょう。それは、「PDCA活動」です。

　一般に、「Plan（計画）」－「Do（実行）」－「Check（チェック）」－「Action（アクション・改善）」のサイクルをくるくる回すことによって、徐々によくなっていこう、とする活動のことを言います。

　ただ筆者は、このサイクルを単純に回すだけでは足りない、と考えています。具体的には、Planの部分に明確な「目的・目標」が、Checkの部分に「測定指標の設定と結果の測定」が必要不可欠である、と考えているのです。その上で、目的・目標を達成するための戦略を策定し、その戦略に基づいてアクショ

ンプラン（行動計画）を立て、プランに沿って実行し、実行結果をきちんと測定して、必要に応じて改善策を考え、改善していく必要があります。

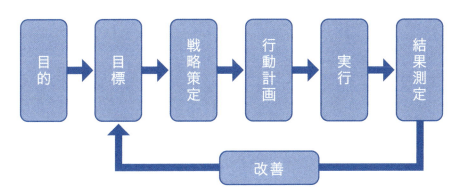

アポロ計画の目的・目標

では、アポロ計画の背景には、どのような目的・目標があったと考えられるでしょうか。

➡ 目的

目的とは、「実現しよう、到達しようとして目指す事柄（大辞林）」のことです。最終目標と表現する場合もあります。目的は「最終的にこうなる」という方向性をはっきりさせ、ビジョンを示すものです。

背景から推測すると、アメリカ合衆国は以下の目的を達成する必要があったと考えられます。

1. アメリカ合衆国（資本主義・民主主義）の威信を誇示する
2. 資本主義（アメリカ）が、共産主義（ソ連）よりも優位であることを示す
3. 多くの市民に感動や夢、アメリカ国民としての自信と誇りを与える
4. 国民や世界の市民の目をベトナム戦争から奪う

ほかにもいろいろ考えられるかもしれませんが、ここでは以上の4項目に絞り込んでおきましょう。

　そして、これらの目的を達成あるいは支援するサービスとして、宇宙開発やアポロ計画が策定されるに至った、と推測しましょう。もちろんアポロ計画以外にも、上記の目的を達成させる項目が多数考えられます。たとえば、経済成長、失業率の改善、国民所得の増加、社会保障の充実、国民満足度の向上、平均寿命の向上、教育充実、減税、徴兵制廃止などです。しかし、アポロ計画はこうした項目の中でも、最大の「目玉」として策定されたに違いありません。映画『アポロ13』の冒頭で触れているケネディ大統領の言葉やその時代背景からも、上記の目的を達成するためにアポロ計画が存在したことは間違いなさそうです。

➡ 目標

　目標とは、「そこまで行こう、成し遂げようとして設けた目当て（大辞林）」のことです。達成目標と表現する場合もあります。目的をブレークダウンさせた、より具体的な到達点のことを指します。

　アポロ計画の場合、目的が上記のようなものであるとするならば、それらの目的の達成に貢献できる達成目標は、以下のようになりそうです。

1. 1971年（ケネディ大統領が演説したときから10年以内）までに人類を月に送り、生還させる
2. 月の物質、石や土、できれば生物を持ち帰る
3. ロケット（大陸間弾道ミサイル）技術を向上させる（ソ連を上回る）

　目標をシンプルに3つ挙げてみました。もちろん、これら以外にも目標を設定できるかもしれませんが、映画から垣間見えるものからすれば、この3つでも十分でしょう。

　さて、ここから、これらの目標を達成するための戦略を練ることになります。これが戦略の策定です。まずは映画『アポロ13』を観ながら、どんな戦略があったか、いくつか仮説をたててみます。ここではアポロ計画の概要がすでに策定

済みであり、アポロ計画概要に基づいた予算の承認と獲得が完了していると想定します。

アポロ計画の戦略

戦略（Strategy）とは、「長期的・全体的展望に立った闘争の準備・計画・運用の方法（大辞林）」のことです。もともとは軍事用語で、戦争に勝つという目的・目標を達成するために、どのような方針で、どのような準備をし、どのように動いてくのか、という全体の青写真を描き、それを大局的に、長期的視野で計画したものを言います。

余談ですが、「戦術」とは具体的な作戦のことであり、行動計画です。一般には戦略と戦術は区別して語られます。本書では行動計画に関しては省略しますが（考察を深めるとあまりにもおおごとになるため）、もちろんアポロ計画にも無数の行動計画が設定されていたはずです。

ITSMやITILにおいても、ITサービスを戦略的に計画・準備することをとても重要視し、「サービスストラテジ」という段階を設けています。ITサービスを提供するITサービス・プロバイダが何を目的・目標に、何を準備し、どのような顧客に対してどのようなITサービスを提供するのか、そしてそのITサービスを提供するためにどのようにITサービスを計画するか、ということを考えることを重視しています。

さて、アポロ計画における戦略を考えてみましょう。

◉ アポロ計画実施組織の構築

最初に考えなければならない戦略は、組織の構築です。ここでは、人選、リクルート、教育等のすべてをここに含むことにしましょう。

アポロのような人類初といった計画を実行するためには、優秀な人材の発掘と召集が不可欠だったと言えます。内部の人材のみならず、外部のサプライヤ

も技術力や信頼性の高いところを選択する必要があります。映画の中では、月着陸船を作ったメーカー、グラマン社のエンジニアが登場しています（当時グラマン社は、戦闘機や潜水艦など最先端兵器の技術を有する企業として有名でした）。それとは別に、司令船、支援船の開発はノース・アメリカン航空社が担当しています。また、第二次大戦後のドイツから、V型ロケット兵器の開発メンバを加えています。

　企業内における重要なITプロジェクトにおいても同様ですね。達成目標が高くなればなるほど、あるいはプロジェクトの実施・推進の難易度が高くなればなるほど、優秀な内部人材と外部サプライヤが揃わなければ、失敗の確率が高くなってしまいます。人材が揃わないのでプロジェクトを先送りにせざるをえないことはよくあることです（先送りで済むのならよいのですが…）。
加えて、最大限の能力とパフォーマンスを発揮できる組織構造を設計構築することも、ITサービスマネジメントの重要な要素です。

⊙Small Step Quick Win

　「Small Start Quick Win」とも言います。小さく始めて早い段階でよい結果を出す、という意味です。
　この映画のタイトルは『アポロ13』です。何をいまさら、と思われるかもしれませんが、実はここにもとても重要な意味が込められています（13が忌み数だ、ということではないですよ）。すなわち、13番目に打ち上げられたアポロロケットということです。
　アポロ計画では、アポロ11号で初めて月へ到達し、無事に地球に帰還しました。すなわち、いきなり月に行ったわけではありません、1号～10号までは、段階的（Phaseごと）に実行されました。
　まずは模型作りからスタートして、徐々に難易度を上げて、司令船を打ち上げても最初は無人飛行で地球を回るだけ、その後、地球を回る軌道上で船外作業のテスト、月着陸船の切り離しとドッキング、そして地球の軌道を離脱して月を回る軌道まで到達して帰還。そして月着陸から帰還、と徐々に目標を達成しています（詳しくは第1章を参照してください）。まさに、Small Step

Quick Win、小さく始めて小さく成功させ、徐々に難易度を上げながらほかのプロセスや範囲へと展開するやり方ですね。いきなり大きなことに挑戦しない、という戦略をとったわけです。

➡ 問題管理の確実な実行

映画『アポロ13』の冒頭の場面で、過去に発生した事故のシーンが映っています。3人の宇宙飛行士が司令船のシミュレータを使って訓練している最中、火災事故によって亡くなってしまったのです。当然ですが、NASAとしてはこの火災事故の根本原因を突き止めて、二度と同様の事故を起こさないようにしなければなりません。そのために「問題管理」のプロセスを実行します。問題管理プロセスに関する詳細は後の章（第8章）に譲りますが、簡単に言えば、時間をかけて根本原因を突き止め、解決策を見つけ出して適用する活動のことです。

Small Step Quick Winを行い、多くの段階でテストや確認を行っていれば、早い段階でさまざまな不具合を見つけ出すことができます。アポロ計画では、それらの根本原因を突き止めて解決しながら最終的に月に到達したわけです。

ちなみに、問題管理とよく似た活動に、インシデント管理というものがあります。これも詳細は後の章（第6章）に譲りますが、こちらは障害や問い合わせ（インシデント）に迅速に対応し、一刻も早く原状復帰する、という活動です。インシデント管理が成熟すればするほど、インシデントの対応にかかる時間が短くなり、なおかつ解決率が向上します。しかし、いくらインシデント管理が成熟しても、インシデントの数はほとんど減りません。インシデントを減らすためには、問題管理を成熟させる必要があります。問題管理によってインシデントを引き起こす、または引き起こすかもしれない根本原因を取り除くことによって、インシデントの発生を防ぎ、その数を減すことができるわけです。

➡ プロセスの標準化と整備

映画を観ていると、さまざまな場面で、「今、第何番の作業を実施している」

と言っています。アポロ計画では、1つ1つの作業や手順を標準化し、マニュアル化し、整備しているようです。何をするにしても、その手順は必ず事前にテストや訓練によって確立されたものであって、基本的に場当たり的な作業はなかった、と言えそうです。アポロ13号では重大なインシデントが発生したので、事前に試したことのない解決策や手順、プロセスが実行されることとなりました。しかし、それでもできるだけ地上でテストを実施しています。一度完全にシャットダウンした司令船の電源を宇宙空間で再投入する、ということは、彼らにとっても前代未聞です。そのため、電源再投入のための手順は地上で何度も検討を繰り返し、テストされ、マニュアル化されています。結果的に、事故に見舞われた司令船は、そのマニュアルどおり電源の再投入が行われ、大気圏への生還を成功させています。

ITにおける日々のオペレーションでも同様のことが言えます。ある決められた結果に向かって進める作業は、必ず成功する手順を確立しておき、マニュアル化しておきましょう。そうすれば、誰がやっても確実に実行され、終了できるようになります。特にグローバルなIT組織においては、国や地域が違っても同じ手順とすることで、失敗や間違いを防止することができるようになります。

➡ テストとリハーサルの入念な実施

アポロ計画では、すべての作業手順をマニュアル化した上で、テストやシミュレーション(リハーサル)を繰り返しています。その都度テスト結果をレビューして、成功確率を究極まで高めようとしています。

一般の企業内IT部門として考えてみると、アポロ計画ほど入念なテストやシミュレーションを実施することは、限られた人員・予算やスケジュールを考えると不可能でしょう。業界や企業としての立場、ビジネスの状況やリスクなどの観点から、費用対効果のバランスを考慮した上で目指す成功確率を設定する必要がありますね。

映画『アポロ13』では、テストやシミュレーションを実施する際に、飛行

士には事前に知らせずに想定外の状況を作り出しています。つまり想定外の事象が発生した場合の飛行士の対応方法や手順が正しいかどうかの確認をしているのです。ITサービスの世界でも、できるだけ応用した方がよさそうです。つまり、正常な操作をテストするだけではなく、わざと間違った操作を行って不具合を発生させ、時間内にバックアップから復元した上でビジネス上問題ないことを確認する、などのテストも実行するわけです。「すべてが順調にいく、とは限らない」という前提でのテストやシミュレーションが必要です。

阪神淡路大震災や東日本大震災を教訓に、DRP（Disaster Recovery Plan：災害復旧計画）の整備を進めているビジネス部門やIT部門があります。それらはたいてい、最低でも年に1回のリハーサルを実施して、そのプランが確実なものか確認しています。筆者が知っているある会社では、年に1回のリハーサルにおいて、IT部門のメンバが全員出社してDRPのプロセスや手順を確認しています。しかし、これでは逆に、実際に災害が発生したときには役に立たないでしょう。筆者の経験では、大震災が発生した状況では会社の要員が全員即座に集まることはまずありません。何名かは数日間出社できないという状況を想定して、限られたメンバだけでDRPリハーサルを行うことが大切です。

⊙ 冗長化の徹底 （バックアップ、プロセス、機材、組織と人員の整備等）

映画を観ていると、アポロ計画には潤沢な予算が投入されていたように見えます。実際、アポロ計画は当時の貨幣価値でおよそ200億ドル〜250億ドル程度の予算がつぎ込まれました。当時のアメリカ合衆国の強大さが垣間見えますね。

アポロ計画においては、ありとあらゆる機材が2重、3重に冗長化[1]されていたように見えます。たとえば、サターンV型ロケットの第1段ロケットと第2段ロケットには5基のロケットエンジンが搭載されており、そのうちの1基が停止しても問題ないように設計されていました。また、支援船には2基の燃料電池、2基のメイン・バス（機器に電力を提供する配電盤のようなもの）、3つ

1.冗長化とは、システム構成の一部に障害が発生しても継続してサービスを提供できるようにするために、構成の一部またはすべてを多重化すること。一般に「冗長」とは無駄なことを指すことが多いが、ITの世界では可用性や継続性を高めるためにあえて冗長的にシステムを構成します。

の酸素タンクが搭載されていました。さらに、宇宙飛行士でさえ、本来の（メインの）3人の宇宙飛行士に加え、バックアップの3名の宇宙飛行士が任命されています。映画では、バックアップの3名は地上のシミュレーションの場面で登場しています。実際に1名のメイン・クルー（ケン・マッティングリー）は、風疹に感染したかもしれないという理由で、バックアップ（ジャック・スワイガート）と交代させられています。さらに付け加えると、ヒューストンの管制センターの管制官は8時間単位で、4つのチームが交代で担当していました（映画ではジーン・クランツ率いるチームだけが活躍しているように見えますが、これは映画を単純化するための省略でしょう）。さらに、実は管制センターそのものも冗長化されており、実際にはバックアップの管制センターでは別のバックアップの要員たちによって、アポロ13をサポートする作業をシミュレーションしていたようです。

　現実の企業内ITでは、どんなに重要なクリティカルITサービスと言えども、このような冗長化なんてしていられません。コストがかかりすぎますね。冗長化にかかるコストの正当化ができません。とはいえ、コストと可用性はトレードオフの関係にあります。ビジネスの重要性と、ビジネス部門が求める可用性、BCP（Business Continuity Plan：ビジネス継続計画）に基づいて、最も費用対効果の高い設計をする必要があります。

アポロ計画における測定

　目的を明確にし、目標を設定し、戦略が決まって行動計画が明確になってきたら、いよいよその計画を実行に移す段階です。しかし、計画どおり実行すればそれでよい、というわけではありません。計画を実行した結果、どの程度の効果が発揮されたのかを計測しなければなりません。測定項目や測定指標（測定値がどの程度になったらよしとするか）は、戦略や行動計画を策定するときに必ず設定しましょう。詳しくは第16章で説明しますが、ここではこの章にて設定された戦略に対する計測項目を考えてみましょう。戦略そのものが高い視点（マネジメント層）になっていることを考慮すると、代表的な測定項目は次のようになるでしょう。

1. 人材の充足率、定着率（空ポジションの数）
2. スキルセットの充足率
3. テスト、シミュレーションの回数
4. テスト、シミュレーションにおいて抽出、指摘された改善項目の数
5. サービス全体の可用性（冗長化の効果確認）
6. フェーズごとのスケジュール遅れ日数
7. 各フェーズ（1-12号）ロケット打ち上げの成功割合
8. マニュアル化されたプロセスや手順の数及びテスト、シミュレーションされた割合
9. プロアクティブなアクションによって予防できた不具合の数（発見された未知の根本原因）
10. 予算に対する支出の割合
11. ロケット、司令船などの設計変更の回数、費用、工数、日数
12. 特許取得の数
13. 共産主義国への情報流失
14. 顧客満足度

　個々のアクションに落とし込まれた場合は、さらに詳細な測定指標を設定することになります。

　以上がアポロ13から学べる戦略立案の考え方です。これをITサービスの世界に落とし込むと次のようなことが言えるでしょう。参考にしてみてください。

1. ビジネス戦略（目的と目標）を理解する
2. ビジネス戦略を実現するためのITサービス戦略（目的と目標）を策定する
   （ITサービス戦略を達成すると顧客に対して価値を提供するということ）
3. ITサービス戦略に基づいた計測項目を策定する
4. 戦略とアクションプランに基づいたITサービス設計と構築を行う

　ITサービスは、ビジネス結果に責任を持たなければなりません。ビジネス戦略とIT戦略の整合性が取られている必要があるわけです。

CHAPTER

04

「14号があればだが」

If there is an Apollo 14.

アポロ計画における「顧客」とは

自分たちの顧客を知り、その顧客が成し遂げようとしている
目的や、IT サービスに期待していることを理解することは、
価値ある IT サービスを提供するために、必要不可欠なことです。
果たして、アポロ計画における「顧客」とは誰でしょうか。
その顧客は、アポロ計画に何を期待していたのでしょうか。

Scene Time → 0:07'50"-

　1969年10月30日、ケープケネディにある宇宙船組み立て部門。ここでは今、アポロ14号の正搭乗員として内定しているジム・ラヴェルが、見学者の人たちにアポロ計画に関する説明をしているところである。

　「私たち宇宙飛行士は、巨大なチームの一員に過ぎません。この仕事に少しでも関わっている者は、みんな誇りを持って働いています。十分な長さのテコがあれば世界を動かせる、と言ったのはアルキメデスですが、ここにも同じ精神が宿っています。この世に不可能はないと信じて、努力を重ねてきました。たとえば、一室に収まるサイズで、なおかつ、無数の情報を蓄積できるコンピュータとか。

サターンⅤ型ロケットを前にするジム・ラヴェルと見学者たち

このサターンⅤもそうです。これは、アラン・シェパード率いるアポロ13号のクルーが実際に月へ飛び立つときに使われる予定のものです」
　そんなジム・ラヴェルの説明を聞いていた見学者の1人が、ジムに向かって質問する。

　「君はいつまた行くんだね？」

また、というのは、ジムがアポロ8号で月の周回軌道に乗った経験があることを指してのことである。ジムは、誇らしげにこう言った。

「来年末に打ち上げ予定の14号の候補に挙がっています」

　見学者は、皮肉たっぷりに

「14号があればだが」

と返した。

「実は、もうソ連に『勝った』んだから、これ以上宇宙計画に金をつぎ込む必要もないんじゃないか、という声も多くてね」

　もともとアポロ計画は、宇宙開発競争において、ソ連への優位性を証明するため、故ケネディ大統領が支援を表明したのが発端だった。見学者は、アポロ11号で2名の宇宙飛行士が月面着陸に成功したことを、「ソ連に『勝った』」と表現しているのだ。
　14号の正搭乗員に内定しているジム・ラヴェルにとっては、残念な意見である。まるで、アポロ11号をもって、アポロ計画はクライマックスを迎えたかのようだ。しかしジムは、笑顔を絶やさずにこう切り返した。

「じゃぁもし、コロンブスがアメリカを発見した後で、誰も続かなかったら、どうなってました？」

ITサービスマネジメントの登場人物

　ITサービスマネジメントを効果的に適用し実行するにあたっては、サービスに関わるすべての関係者、すなわちステーク・ホルダー（利害関係者）を明確にすることが極めて重要です。ITサービスマネジメントにおける主要なステーク・ホルダーには、次のようなものがあります。

➡ 顧客

　何らかの事業（目的を持った活動）を持ち、その事業を達成するためにITサービスに期待し、ITサービスの提供に対して費用を払う人（あるいは、費用を払う決裁権を持っている人）のことです。

　顧客は、何かの「したいこと」を持ちます。この「したいこと」を事業と言います。たとえば小売店のオーナーは、「自社の製品をショッピングサイトに載せて売りたい」という事業を持っているかもしれません。

　顧客は、自分が持っている事業を達成するために、ITサービスに期待をします。そしてその期待に対してサービスレベル目標値を定義し、それに見合った対価を支払うことで、ITサービスの提供を受けようとします。
　第1章でも述べたとおり、ITを持ちたくてITを買う人はいません。みんな、ITを持つことが目的ではないはずです。したいことを実現したい、自分の事業を成し遂げたい、というところに目的があるのです。その目的を達成するために、ITサービスの力を借りるわけです。

➡ ユーザ

　実際に、ITサービスを日常的に使う人のことです。
　顧客とユーザは同一人物かもしれませんし、違う人かもしれません。たとえば、自社の製品をショッピングサイトに載せて売りたい顧客の場合、そのショッピングサイトに必要な商品情報や配送情報などを入力したり、オーダーに応じて在庫管理や配送手続きをしたりする人がユーザ、ということになるでしょうね。また、ショッピングサイトを依頼した顧客である法人のオーナーも、売上

結果や売れ筋商品の確認などにこのサイトをユーザとして利用するかもしれません。つまり、顧客とユーザが同一人物である、という可能性もあるのです。しかしこの場合でも、顧客とユーザはきちんと区別して考えます。

⊕ ITサービス・プロバイダ

　顧客やユーザにITサービスという形で何らかの価値を提供する人・組織のことです。ITサービス・プロバイダは、いち個人かもしれませんし、組織かもしれません。たとえば、従業員数人の会社の場合、たまたまITに詳しい営業マンの1人が「君、今日からウチの会社のITの面倒を見てくれたまえ」と社長から正式に任命されたのなら、その人はもう立派なITサービス・プロバイダです。もちろん社内の情報システム部や、親会社の面倒をみる情報子会社、そして商売として他社に対してITサービスを提供している組織はすべて、ITサービス・プロバイダであると言えます。ショッピングサイトを作りたい顧客にとってのITサービス・プロバイダは、そのショッピングサイトを提供してくれる組織がそれに当たるでしょう。

　ここで注意すべきことがあります。ITに詳しい営業マンが社内のITの面倒をみるよう任命されたら、それは立派なITサービス・プロバイダだ、と述べました。この場合、ITサービス・プロバイダである営業マンにとっての顧客は、自分がITの面倒をみている会社そのもの、あるいは、その営業マンに期待している会社の社長さん、ということになります。このように、組織内部にITサービス・プロバイダがいる場合、そのITサービス・プロバイダのことを内部プロバイダと言い、対する顧客のことを内部顧客と言います。

　一方、あるお店があるIT提供会社に対して、自社のショッピングサイトを作って提供してほしい、と頼んだ場合、頼まれたIT提供会社は当然ITサービス・プロバイダであり、頼んだお店は顧客です。このように、顧客の組織外にITサービス・プロバイダが存在する場合は、それぞれを外部プロバイダ、外部顧客と言います。

　大切なことは、「顧客は社外にも社内にも存在する可能性がある」ということです。社内の情報システム部は、立派なITサービス・プロバイダ（内部プロバイダ）です。情報システム部は、社内のITの面倒をみることによって、

その組織に価値を提供しています。情報システム部は決して金食い虫のコスト・センターではありません。社長からの期待を背負い、適切な投資を受け、ITサービスが提供する価値を最大化し、組織に貢献するプロフィット・センターです。そのような意識を持たないと、せっかくのITサービスが価値を生み出さなくなってしまうかもしれません。

⇒ サプライヤ

　ITサービス・プロバイダを支援する社外組織のことです。ITサービス・プロバイダがすべてのITサービスを自前で提供できればいいのですが、残念ながらそういうわけにはいきません。たいていは、さまざまなサプライヤの力を借りて、ITサービスを成立させています。

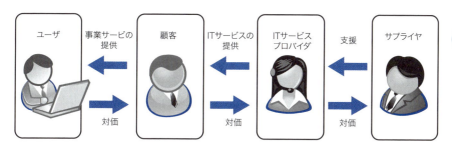

顧客、ユーザ、ITサービス・プロバイダ、サプライヤの関係
（顧客とユーザは同一人物かもしれない）

　さて、どんなサービスであれ、「顧客は誰か？」、「ユーザは誰か？」、「ITサービス・プロバイダは誰か？」、「サプライヤは誰か？」ということを明確にしなければなりません。それと同時に、以下のような項目も明確にしておく必要があります。

- 誰が誰にサービスとしての価値を提供するのか？
- 誰と誰がサービスレベルを合意するのか？
- 誰がそのサービス提供に必要な費用を負担するのか？
- 誰がそのサービス提供に対して責任を持つのか？
- 誰がそのサービスを維持するために支援するのか？
- 誰が外部からのサービス支援を受け、自らのサービスを維持するのか？

　サービスを提供する、あるいは提供されるサービスを使うに当たって、これらの登場人物やグループ等を明確にして、その責任と職務、そして相関関係を明確にしなければ、サービス提供は形骸化してしまったり、せっかくのサービスが価値を生み出さなくなったり、サービスを誰も使わなくなったりしてしまうでしょう。サービスを使ってビジネスを遂行し利益を上げる部署や責任者が明確でなければ、最も効果的なサービスの戦略や設計、あるいは日々のオペレーションを実行することはできないのです。

『アポロ13』における登場人物の相関関係

　さて、これらの役割を、映画『アポロ13』に当てはめて考えてみましょう。前述の顧客やユーザ、ITサービス・プロバイダ、サプライヤのほかに、主要な役割及びその役割に相当する人／組織を考えると、次のようになるでしょう。

役割	説明	責任	相当する人組織
顧客	事業を持ち、その事業の遂行に責任と権限がある人、または組織。ITサービスを利用することによって事業をよりよい結果に導き、結果として利益を上げる。実質的にその利益からITサービスに必要な費用を負担する	事業の結果、即ち利益に対して責任を持つ。高い視点からのITサービスへの要求があり、常に費用対効果（費用の回収、及び、費用の正当化）を意識する	アメリカ大統領

役割	説明	責任	相当する人組織
ユーザ	ITサービスを使って顧客の事業の実務を実行する。または、顧客がユーザに対して提供する事業を、ITサービスを通して享受する	ITサービスの使用者として実務の効率化に関する要求がある。費用対効果の観点が失われる場合がある。（費用がかかっても実務が楽になればよい）	3名の宇宙飛行士
ITサービス・プロバイダ	顧客に対して、顧客のニーズや、顧客と合意したサービスレベルを満たすITサービスを提供する	顧客が望む価値を、ITサービスという形で提供し続けることに責任を持つ。そのためには、顧客が望む価値や、ITサービスに対する顧客の期待を理解する必要がある	ヒューストン管制センター、及びそこで働く管制官
サービス・レベル・マネージャ（ITサービス・プロバイダ内）	顧客に対してITサービスすべての責任を持つ。顧客との間でSLAを策定する	適度なITスキルを持ち、ビジネスを理解する必要がある。また、高い交渉力や提案力等も必要とする。世の中、このような人材はほとんど存在しない	NASA長官トーマス・ペイン
各管理プロセスのマネージャ（ITサービス・プロバイダ内）	（たとえばインシデント管理プロセスのマネージャの場合）インシデントが発生した場合に、最も効果的かつ効率的な方法でそのインシデントを取り除き、原状復帰に向けた方策を採る。プロセスを主導し推進する	（たとえばインシデント管理プロセスのマネージャの場合）一刻も早いビジネスの復旧を目指す。インシデントの解決率を高めたり、解決時間を短縮したりすることに責任を持つ。実質的にサービスデスクにてインシデント管理プロセスも実行されるが、サービスデスク・マネージャとインシデント・マネージャは兼任しないのが望ましい（利害が必ずしも一致するとは限らないため）	ジーン・クランツ

役割	説明	責任	相当する人組織
支援部隊 (ITサービス・プロバイダと同じ組織内にある)	ITサービス提供をバックエンドで支える企業内IT部門（ネットワーク、データセンター等）	顧客とサービス・レベル・マネージャによって合意したSLAを遵守するため、ITサービス・プロバイダを支援する	ケープケネディのロケット発射台で働く人々（ロケットに燃料注入する作業員、宇宙飛行士が宇宙船に乗り込む際サポートした人員など）。太平洋上に着水した宇宙船を回収した作業員（米軍）
サプライヤ	外部のITベンダ、外部のITオペレーション委託先等	顧客とサービス・レベル・マネージャによって合意したSLAに基づき、ITサービス・プロバイダとの間で契約を締結する。その契約を遵守する形で、ITサービス・プロバイダを支援することに責任を持つ	月着陸船を設計・製造した、グラマン社、及びその技術者
その他の ステーク・ホルダー （利害関係者）	ITサービスの提供やITサービスを適用した場合に影響を受ける、または受ける可能性のある人	ITサービスの提供と使用によってある特定のビジネス部門では利益が発生しても、ほかのビジネス部門においては負の影響が発生する場合もある。あるいは、同じく利益が発生する場合もある。それらのビジネス部門のマネージャ等	税金を払うアメリカ国民、テレビ局、宇宙飛行士の家族

　映画『アポロ13』に登場する人物が上記の表にピッタリ当てはまるわけではありませんが、誰がどのような立場であったかを考えると、ITサービスマネジメントの考え方を理解しやすくなります。

　現実には色々な見方があると思いますが、この本では次のように設定してみましょう。

➡️顧客

- アメリカ大統領（このときはニクソン大統領）
- アメリカのお役人達、国務省、内務省、ペンタゴン（米軍）、その他

➡️ITサービス・プロバイダ

- NASAのヒューストン管制センター
- そこで働く管制官

➡️ユーザ

- 3名の宇宙飛行士
- バックアップの宇宙飛行士

➡️サービスレベル・マネージャ

- NASA長官（トーマス・ペイン）
- 宇宙飛行士の生還率を確認していた人（ディーク・スレイトン）
- 風疹問題が発生したときに操縦士の交代を支持した医者

➡️インシデント管理マネージャ

- 主席飛行管理官（ジーン・クランツ）

➡️外部サプライヤ

- グラマン社の技術者
- 太平洋上に着水した宇宙船を回収した作業員（米軍）

⦿ ITサービス・プロバイダ内部の支援部隊

- NASAのケープ・ケネディのロケット発射台
- そこで働く人々（ロケットに燃料注入する作業員、宇宙飛行士が宇宙船に乗り込む際サポートした人員など）

　アポロ13では、国家をひとつの企業、大統領を顧客、宇宙飛行士はユーザと定義できそうです。また国民は企業から見た消費者と定義することができるでしょう。

　宇宙飛行士はアポロ13のプロジェクトで用意されたさまざまな機材とサービスを使って実務を遂行しているユーザであると言えます。ヒューストンの管制センターは、宇宙飛行士にサービスを提供するサービス・プロバイダでありサービスデスクです。そのようにして映画を観ると、ITSM（ITIL）の考え方に基づいて彼らの振る舞いを検証することが可能になります。

それぞれの立場の違い

　顧客とユーザは立場が違います（ここでは映画『アポロ13』で考えています）。顧客（アメリカ大統領）は、消費者の支持が得られなければ次の選挙でクビになります。それどころか、任期途中でもクビになるかもしれません。顧客であるアメリカ大統領は、限られた予算の中で多くの事業を推進しなければなりません。ベトナム戦争では巨額の費用が発生しました。同時にアポロ13でも多くの費用が必要です。顧客であるアメリカ大統領としては、最も効率的にアポロ13の任務を達成させたいところです。顧客の立場からすれば、宇宙飛行士やヒューストンのサポートメンバーが少々不自由を感じたとしても、最終目標（月面着陸）が達成できればよい、と考えるでしょう。
（余談ですが、アメリカはベトナム戦争で巨額の資金が必要になり、ドル札を大量に刷って補った（市場に供給してしまった）ため、ドルショックというドルの価値が急落する事態も発生しました。）

一方で、ユーザである宇宙飛行士や、ITサービス・プロバイダであるヒューストンの管制センターは、面倒な任務や作業はできるだけ避けたいと思うでしょう。安全のためならば、あらゆる手段を事前に準備して検証したいと考えるでしょう。宇宙船自体も大きくて快適であることにこしたことはありません。

　一般の会社内でも、顧客とユーザには同様の違いがあります。たとえばPC購入に関して、ユーザである社員は持ち運びやすく、画面は大きいが軽く、スピードの速いSSDが搭載されたPCがほしいと言うでしょう、当然、PC本体の価格は高価なものになります。対して顧客である経営者層や財務部門のマネージャは、事業に対する費用対効果の高いPCを社員に持たせたくなるでしょう。仮に投資対効果が十分でなければ、多少重くても安価なPCを選択することになります。ERPなどのアプリケーション機能の構築や変更においても同様です。ユーザは効率化や間違いを起こさないような仕様を要求しますが、そこには仕事が楽になればよいという思いも多分に含まれているでしょう。当然、それには余分な費用が発生することになります。顧客はユーザが楽になるかどうかも考慮しますが、最終的な判断は費用対効果によって決められることでしょう。

　このように、ITサービスを考えるに当たって立場やその相関関係を明確にして、それぞれの立場と考え方の基本を理解する必要があります。そうすることによって、お互いの理解とよりよい協力関係が構築され、最終的に最も費用対効果の高い、ビジネスに価値を提供するITサービスを構築することができるようになります。

CHAPTER
05

「月を歩くんだね」

You walk on the moon, ja?

サービスという単位を考える

自分たちの顧客、及び顧客の期待が明確になったら、
次は自分たちがその顧客に提供できるサービスを
理解する必要があります。
アポロ計画において、
どのようなサービスをどのように提供すれば、
顧客は満足するでしょうか。
そのサービスは、
顧客にどのような価値を提供するのでしょうか。

Scene Time ➡ 0:27'47"-

　1970年4月11日。いよいよ、アポロ13号打ち上げの当日である。3人の宇宙飛行士が、ケープケネディのロケット打ち上げセンターで最後の準備をしている。

　宇宙飛行士の体には、宇宙空間における脈拍や体温などを定期的にモニタリングし、地上に送信するためのセンサーを取り付ける必要がある。胸毛が濃いジム・ラヴェルは、センサーを取り付けるためにその胸毛を薬品で取り除かなければならない。

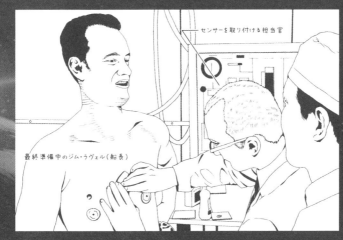

打ち上げ最終準備をするジム・ラヴェル（船長）

　白衣を着た担当官が、笑顔でジムに歩み寄り、語りかける。
「月を歩くんだね」
　アポロ計画には、こうした決して表に出ない影の立役者がたくさんいる。彼もその1人だ。おそらく、アポロ8号のときもジムを担当したのだろう。懐かしい友との再会、という印象の彼に、ジムも笑顔で返す。
「ああ、そう。歩いてくるよ。月から話もするんだ」
　3人の最終チェックはまだまだ続く。すべては順調だ。少なくとも、このときは。

CHAPTER 05　サービスという単位を考える

アポロ計画とサービス

　第1章で述べたとおり、サービスとは、「顧客に価値を提供する活動」のことです。

　また、第4章で考察しましたが、「アポロ13」のストーリーにおいての「顧客」とは、宇宙開発競争においてソ連に対するアメリカの優位性を示すことを事業としたアメリカ大統領である、と考えるのが妥当です。また「ユーザ」とは3人の宇宙飛行士であり、「サービス・プロバイダ」とは、大局的にはNASA、局所的にはヒューストンの管制センターである、と考えるのが妥当でしょう。今回は、この前提に基づいて考察してみます。

　では、アポロ計画では、その顧客であるアメリカ大統領に、NASA（あるいはヒューストン管制センター）がどのようなサービスを提供している、と考えられるでしょうか。

　サービスといっても、顧客の視点とサービス・プロバイダの視点とではその見え方や意味合いは異なります。その違いを理解した上でサービス提供を行わないと、顧客に対して真の価値を提供することはできません。サービス・プロバイダの都合だけでサービスを考えてはいけないし、顧客もサービス・プロバイダが提供不可能な無理難題を（いくら必要だからとはいえ）要求してはいけないのです。お互いの立場や要求事項、技術的能力を理解し合わないと、信頼関係を構築することもできないでしょう。

　まず、第3章でも触れた、アメリカ大統領（あるいはアメリカ国家）として成し遂げなければならなかった達成目標について、もう一度確認しておきましょう。想像の域を出ませんが、当時のアメリカ大統領であるリチャード・ニクソン氏にとっての達成目標は次のようなものであったでしょう。

　アポロ計画は、これらの目標を確実に実行すべく戦略を立て、その戦略に基づいてサービスを設計し構築することになります。

1. 1971年（ケネディ大統領が演説したときから10年以内）までに人類を月に送り、生還させる
2. 月の物質、石や土、できれば生物を持ち帰る
3. ロケット（大陸間弾道ミサイル）技術を向上させる（ソ連を上回る）

アポロ計画に存在したサービス

　そもそもアポロ計画は、月面着陸、及び月面におけるさまざまな実験を成功させる、という1つの明確な成果に向かって活動しています。そのため、サービスの単位という観点で分析するのには少々無理があるかもしれません。それでも映画を観ていると、実際には色々なサービスが提供されていたことがわかります。映画から観察できるサービスを、以下に列挙します。想像を働かせればもっと考えられますし、多くのサービスが実際に存在していたかもしれません。

- ロケット打ち上げサービス（アポロ計画のみならず、火星探査、その他の惑星探査、宇宙望遠鏡等のためのロケットも打ち上げていたことでしょう）
- 打ち上げ前の、国民に対する情報提供サービス（ロケット組み立て時の説明や雑誌のインタビューなど。船長のジム・ラヴェルもこのサービスを提供していましたね）
- 国民に対する船内映像提供サービス（顧客のリクエスト。13号においては、国民はあまり興味がなかったようですが）
- 打ち上げ直前の宇宙飛行士家族対面サービス（ユーザのリクエスト）
- 打ち上げ前から宇宙飛行中に至るまでの健康管理サービス
- 社宅提供サービス（ケン・マッティングリーがふて寝していたのは社宅と考えられます）
- 宇宙飛行時の各種モニタリングサービス
- 宇宙飛行を安全に行うための各種運用サービス
- サービスデスク（インシデントや問い合わせに対する対応窓口）

　これらのサービスはアポロ13に限ったことではありません。さまざまな宇宙関連の計画やプロジェクトでも使えます。これらのサービスを使うかどうかは、最終的には顧客の選択次第ということになります。
　サービスを提供する側、すなわちサービス・プロバイダ側からすると、それぞれのサービスをきちんと設計・構築しておく必要があり、障害が発生した場

合の対応や変更の要求にも応えなければなりません。

　しかし、顧客とユーザ、この場合はアメリカ大統領と3人の宇宙飛行士の側からすれば、すべてのサービスが「アポロ13号計画」という1つの巨大なサービスに見えていたことでしょう。このように、最もコアで重要なサービスの中に、個々の具体的で細かいサービスが包含されている、というのはよくあることです。そしていずれのサービスも、アポロ13の目標や目的を達成するためには不可欠です。

　ロケットが宇宙に飛び立ってからは、ユーザである宇宙飛行士に対するすべての運用サービスを、ヒューストン管制センターが一元的に管理しています。当たり前だと思われるかもしれませんが、管制センターなくしては、アポロ13のサービスは何一つ成り立ちません。これはとても重要なことです。すなわち、アポロ計画では、宇宙飛行中に必要なサービスすべてを管制センターがひとまとめにして提供していることになるのです。そのひとまとめのサービスを実際に受けているのはユーザである3人の宇宙飛行士であり、顧客であるアメリカ大統領はその3人の宇宙飛行士が月面着陸を成功させ、無事に地球に帰ってくる様子を国民に見せることに価値を見いだし、対価を支払っているのです（ただし、税金で）。

　さて、これらの関係を、一般のITサービスの世界に戻して考えてみましょう。たとえば、会社の基幹ビジネスに使用されるERP[1]の場合を考えます。ERPは単機能のソフトウェアではありません。倉庫の管理、トラック人員の管理、工場内作業員の管理や仕掛品の管理など、さまざまなソフトウェアやサービスによって構成されている場合がほとんどです。さらに、ERPを通してサポート機能（前述のサービスデスク）が存在することも極めて重要です。当然ながら、会社内の顧客（たいていは経営者層）やユーザ（すべての従業員）は、それらをひとまとめにして「会社内基幹ビジネス用のERPサービス」と捉えていることでしょう。

---

1. ERP（Enterprise Resource Planning）とは、会社における基幹業務を統合的に管理運用することを目的としたシステム、またはビジネス・アプリケーションのことです。

サービスとサービス・パッケージ

　顧客やユーザ、そして一般消費者にとってサービスという単位がどのように見えているか、または顧客とサービス・プロバイダが各サービスをどの単位で合意するか、ということはとても重要です。前述のとおり、個々の細かいサービスが集まって1つの大きなサービスを構築している、というのはよくあることです。たとえばショッピングサイトのサービスには、消費者が商品を購入した後に、「ありがとうございました」というお礼と注文内容を消費者にメール送信するサービスが含まれることでしょう。しかし顧客やユーザは、その電子メール送信サービスを1つのサービスとして認識することはなく、注文を受け付けるサービスの一環としてひとくくりに捉えることでしょう。顧客やユーザは、個々の細かいサービスにはあまり興味を持たず、一番大きくて目立つ部分を1つのサービスとして認識しているかもしれません。顧客とサービス・プロバイダは、常にお互いの認識にズレのないようにコミュニケーションをとっていく必要があります。

　つまり、すべてのサービスが等しく価値を持つわけではありません。サービスは、そのサービスが提供する価値の観点から、3つに分類できます。

⇒ コア・サービス

　顧客やユーザが望む基本的な成果を提供するサービスのことです。
　少々唐突ですが、ホテルのサービスを例に考えます。ホテルの場合は、「安全・快適に眠れる部屋を提供する」のがコア・サービスであると言えます。アポロ13号の場合は、途中までは「無事に月面着陸を行い、帰還する」ということですし、途中からは「3人の宇宙飛行士を生きて地球まで戻す」ということがコア・サービスであると言えるでしょう。

⇒ 実現サービス

　コア・サービスを実現するために必要なサービスのことです。実現サービスは、顧客やユーザから見える場合も見えない場合もあります。

たとえばホテルの場合は、部屋を掃除する、シーツやタオルを洗濯・交換する、といったサービスがこれに当たります。「安全・快適に眠れる部屋を提供する」というコア・サービスを実現するために必要不可欠ですが、そのサービスは顧客やユーザから見えたり見えなかったりします。

　アポロ13号の場合は、管制センターで働くEEコム（船内環境をモニタリングし、適切な状態に保つ役割）や医療班（3人の宇宙飛行士の心拍数や呼吸、体温などのモニタリングをする人々、本章冒頭で紹介したシーンで登場する人や、ケン・マッティングリーが風疹に感染した疑いがあると言って降板させることを提案したお医者さん等）が提供するサービスがこれに当たるでしょう。

➡ 強化サービス

　コア・サービスをより魅力的に見せるための追加的なサービスのことです。たとえばホテルの場合は、朝食や夕食、洋服のクリーニング、快適なラウンジ、宅配サービスなどがこれに当たるでしょう。

　アポロ13号の場合は、少々難しいですね。3人の宇宙飛行士に対して「宇宙飛行が魅力的だと思わせるサービス」とは何でしょうか。

　たとえば、映画の冒頭でアポロ11号に搭乗した3人が雑誌の表紙を飾っていました。NASAの働きかけで、宇宙飛行士に国民的名誉を与えるような活動をしたのであれば、それは強化サービスと言えるかもしれません。

　さて、これらのサービスをひとまとめにしてパッケージ化したものを、サービス・パッケージと言います。サービス・プロバイダが提供するさまざまなサービスを組み合わせて、1つの大きなサービスとして管理・提供しようというわけです。こうしたほうが顧客にとってもユーザにとってもわかりやすいですし、サービス・プロバイダにとっても何かと都合がよくなります。ホテルの場合、「宿泊サービス」というサービス・パッケージの中に、快適に眠れる場所を提供するというコア・サービス、部屋の掃除やシーツの洗濯といった実現サービス、朝食やワイシャツのクリーニングといった強化サービスがすべて含まれ、混然一体となって1つのサービスを形成しているわけです。

　ちなみに、サービス・パッケージの中に何が含まれるか、ということを考え

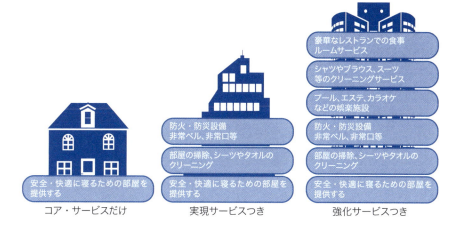

るのは非常に重要です。

　たとえば、ERPの導入は行ったが、サービスデスクをはじめとするサービスマネジメント整備のプロジェクトは別物、という事例をよく聞きます。つまり、ERPを提供するというサービス・パッケージの中に、サービスデスクや各種サービスマネジメント（ERPが提供する価値をコア・サービスとするなら、サービスデスクや各種サービスマネジメントは実現サービスであると考えられるでしょう）が含まれていない、というわけです。これではまるで、「部屋は用意するけど掃除や洗濯はしないよ」と言っているようなものです。

　なぜ、ERPサービスというサービス・パッケージの中にサービスデスクが入らない、という事態が発生するのでしょうか。それは、顧客やITサービス・プロバイダが、サービス・パッケージという形で個々のサービスを捉えていないからです。また、コア・サービス、実現サービス、強化サービスという概念でサービスを分類していないからです。個々のサービスの単位だけでなく、サービス・パッケージ全体を俯瞰した上で各サービスを設計し、構築する必要があります。そうすれば、コア・サービスだけでなく、必要な実現サービスや強化サービスも当然そのサービス・パッケージの中に含まれてきますし、予算の中にも含まれることになるでしょう。費用対効果（ROI）はERPのビジネス効果全体によって判断されることになります。

　サービス全体を俯瞰する、個々のサービス単位で設計して構築する、そして日々の運用を通して継続的に改善を加えてよりよくしていく、そのようなサー

ビスマネジメントを行うことがとても重要です。

サービス・プロバイダは競争によって淘汰される

　どのようなサービスやサービス・プロバイダであっても、競争にさらされることになります。

　映画の中でも、ケネディ大統領が月へ人類を送ると宣言した、と言っています。当時はキューバ危機によってソ連とアメリカは一触即発の状況でした。ソ連は常に宇宙開発でアメリカ合衆国よりも先に進んでいました。アポロ計画はそれに追いつき追い越すための切り札でした。アポロ計画はまさに競争の渦中に存在したサービスであり、もしアポロ計画が失敗し完全にソ連に屈したならば、アポロ計画（アポロというサービス）に携わった要員は職を失ったかもしれません。ちょっと強引な推測ですが、サービスを提供するにあたって、そのサービスの内容やコストが顧客に価値として認めてもらえず、競合に勝てなければ、たとえお役人といえども淘汰される可能性がある、ということです。

　現在のアメリカ合衆国の宇宙開発は、スペースシャトル計画の後半から徐々に縮小傾向にあり、その主役を民間企業に託すように変わってきています。アポロ計画自身も、当初は20号まで予定されていたものの、NASAの大幅な予算削減により、17号までで打ち切られることになりました。これはこれらの宇宙開発技術が税金によって支えられているため、宇宙開発が国民の理解を得づらくなったこと、国家財政に余裕がなくなってきたこと、コスト競争力が弱くなったこと（お金をかけてまで得るものが少なくなってきたこと）などが原因だとされています。

　一般の企業内にある情報システム部、ITサービス・プロバイダでも同様の危機感が必要です。IT組織自身がコスト競争力を失い、顧客やユーザに対してコストに見合った価値を提供できなければ、組織そのものが解体されるか、優秀な外部のITサービス・プロバイダ（外部のITベンダー）に一部あるいは全面的に業務委託されてしまうかもしれません。ITサービス・プロバイダは、常に「自分たちは、価値あるサービスを提供できているか？」ということを自問自答していかなければなりません。

第3部
サービスオペレーション

「開発は価値を作り込む段階、運用は価値を提供する段階」と表現した人がいます。価値あるITサービスを顧客の手元に提供し続けるために、運用は欠かせません。運用とは、顧客に価値を提供し続けられるようにするための、唯一の手段なのです。

CHAPTER 06

「ヒューストン、センターエンジンが停止した」

Houston, we've got a center engine cut-off.
Go on the other four.

インシデント管理

インシデント、という言葉を正しく理解していますか？
そして、インシデントに対応する上での
原理原則を正しく理解していますか？
インシデントとは、決して機器が故障したことを示すのではありません。
そしてインシデント対応とは、
原因究明、再発防止のことを指すのではないのです。

Scene Time → **0:35'50"-**

　アポロ13号(オデッセイ、アクエリアス)と3人の宇宙飛行士を乗せたサターンⅤ型ロケットは、予定どおり発射台を離れた。1970年4月11日、時間は13時13分。すべては順調だった。高度、速度、燃料、何も問題ない。

　第1段ロケットがその役目を終え、切り離しのときを迎えた。ジム・ラヴェルがこともなげに、ほかのクルーに伝える。

「さぁいいか、ちょっとばかり揺れるぞ」

　しかし、第1段ロケット切り離しの衝撃は「ちょっとばかり」と呼べる代物ではなかった。もしシートベルトを固く締め上げていなかったら、3人は頭をダッシュボードに打ち付けていたことだろう。ジャック・スワイガートが皮肉交じりにつぶやく。

「確かにちょこっと」

　彼は今回が初めての宇宙飛行である。今になって初めて、地上クルーがスワイガートの肩を足で踏みつけるようにしてシートベルトを締め上げたわけがわかった。彼らは、新参者のスワイガートをからかっていたわけではないのだ。

　ラヴェルが、ロケットに搭載されていた脱出装置を切り離した。大きな声で、

「もう必要ない!」

　と言いながら。それはさながら、これからの宇宙飛行の成功にはずみをつけるかのような声だった。切り離された脱出装置は、そのまま地球の引力に導かれるように消えていった。

　最初の異変は、その直後に起きた。点火したばかりの第2段ロケットのエンジンは、ちょうどサイコロの5の目のように配置されている。その中央のエンジン、通称「センターエンジン」が突然停止したのである。宇宙船内を警告音が響き渡る。同時に、センターエンジンの異常を示す警告ランプが点滅し始めた。

CHAPTER

06

インシデント管理

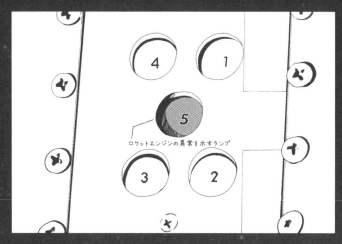

センターエンジンの異常を示す宇宙船内の計器

　しかし、この程度のトラブルは、彼らにとっては想定済みのようであった。ラヴェルはいかにも冷静に、現状を管制センターに告げる。
　「ヒューストン、センターエンジンが停止した。残り4基は異常なし」
　管制センターは、それに対して、これまた訓練したのと同じように、
　「了解、こちらの表示も同じだ」
と答える。機器のモニタリングは、宇宙船内と管制センターのどちらでも行っているのである。急いで現状を確認する管制センター。どうやら、センターエンジンは本当に停止してしまったようである。

　ラヴェルは、「中止スイッチ」を横目で確認しながらこう言った。
　「ヒューストンどうする、指示をくれ」
　今なら、まだ引き返せるかもしれない。引き返すべきか？　それとも、このまま飛行を続けて大丈夫なのだろうか。宇宙船に自分の命を預けている当の本人とはいえ、ラヴェルにはそれを決定できる立場にはなかった。

インデントとは

みなさんにとって（サービスを利用する側のユーザにとっても、サービスを提供する側のプロバイダにとっても）最もなじみの深い、インシデント管理についてお話をすることにしましょう。

まずは、「インシデント」という言葉について、明確に定義します。

筆者がITSMに関する研修を行う際には、受講者の方に必ず「普段の業務で、『インシデント』という言葉を使っていますか？」と尋ねることにしています。今までの経験では、インシデントという言葉を普段の業務で使っている、という人がおよそ4割程度、使ってはいないがなんとなく意味がわかる、という人が2割程度、使っていない、という人がおよそ4割程度でした。次に、「インシデントという言葉を普段の業務で使っている」人、及び「使ってはいないがなんとなく意味がわかる」という人に、「では、『インシデント』ってどういう意味で使っています（あるいは認識しています）か？」と尋ねたところ、「トラブルや障害」という意味で使っている（認識している）人が6割程度、「問い合わせや依頼」という意味で使っている（認識している）人が4割程度でした。このように、「インシデント」という言葉の定義はどうにもあいまいで、誰もが誤解しない定義で使っているわけではないようです。

さて、本書ではインシデントを次のように定義します。

> *計画外のサービス品質の低下、または品質低下を引き起こすかもしれない【状態】のこと*
> *ユーザや顧客がやりたい「事業」を、サービスを用いて実現することができない、またはできなくなるかもしれない【状態】を示す*

具体的には、「メールが送受信できない」、「ドキュメントが印刷できない」、「ファイルサーバ上のファイルにアクセスできない」、「アプリケーションが起動できない」、「システムにログインできない」、といったような状態です。

ここで気をつけなければならないことが2つあります。

1つは、インシデントとは非常にユーザ寄りの言葉である、と言うことです。上記の例はいずれも、「ユーザがやろうとしていることができない」という状態、ユーザが直面している事態です。サービスにおけるインシデントはあくまでも、ユーザの体験なのです。サーバがダウンした、とか、プログラムが停止した、とか、ルータが反応しない、とか、プリンタが故障した、とかは、インシデントではありません[1]。これらが引き起こす「ログインできない」、「印刷できない」、「メールが送信できない」などのユーザ体験がインシデントなのです。

さて、インシデントは大きく2つに分けられます。「障害」と「問い合わせ」です。

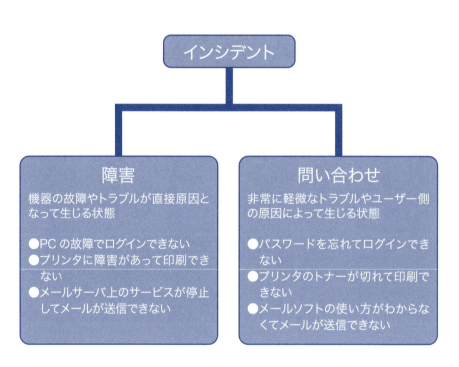

上記の例をみてみましょう。インシデントとしては、それぞれ「ログインできない」、「印刷できない」、「メールが送信できない」というものです。ユーザにとっては、その理由や原因はどうでもよく、とにかく「ログインしたい」、「印

刷したい」、「メールを送信したい」、のです。それができたいという【状態】、すなわちインシデントに直面しています。

　これらのインシデントを、プロバイダ側ではサービスデスク[2]で受けつけることになります。サービスデスクは、直接原因はどうであれ、いったんすべてのインシデントを分け隔てなく「インシデント」として受け付けます。その後そのインシデントを記録し、初期診断をした上で、インシデントが「障害」なのか「問い合わせ」なのかを分類します。
ユーザにとっては「印刷できない、プリンタが動かない」ということが重要なのであって、その原因なんてどうでもいいし、そもそもユーザに原因の切り分けをしてもらうのは困難でしょう。ユーザに直接原因の切り分けを期待すると、かえって面倒なことになったり、事態が悪化したりするかもしれません。

　ITILでは、問い合わせのことを「サービス要求」と言います。サービス要求の定義は、次のとおりです。

1. そのインシデントが発生したり、インシデントを取り除いたりする際のコストやリスクが小さい
2. インシデントを取り除く際の手順が確立されており、誰が作業してもうまくいく
3. 比較的よく発生する

　さて、ITILではサービス要求は「要求実現」という別のプロセスで、障害という意味のインシデント管理よりも迅速に、軽く扱う（軽んじる、という意味ではありません。軽快に動く、という意味です）ことになっています。本書では、障害という意味のインシデントに的を絞って、話を進めることにしましょう。

　ところで、インシデントの定義をもう一度見てみましょう。インシデントは、

1.これらはインシデントの「直接原因」と言います。
2.コールセンター、ヘルプデスク、サービスセンターなど、呼び方はさまざまでしょうが、本書では「サービスデスク」という用語で統一します。

「サービス品質が低下した状態」だけではなく、「サービス品質の低下を引き起こすかもしれない状態」をも含んでいます。「かもしれない」もインシデントなのです。この場合は、インシデントの直接的な原因の領域に少しだけ足を踏み入れます。

　たとえば、サーバの冷却ファンが故障し、庫内温度が上がってしまった、としましょう。このままでは、熱暴走を引き起こし、サーバがダウンしてしまいます。サーバがダウンすれば、そのサーバを利用して提供しているサービスが止まり、「○○できない」というインシデントが発生します。つまり、冷却ファンの故障は、「サービス品質の低下を引き起こすかもしれない状態」を生み出しています。まだサービス品質の低下は起きていませんが、この「かもしれない」状態もインシデントとして考えよう、というわけです。現実的ですね。それ以外にも、ストレージの空き容量が残りわずかになった（新規ファイルを格納できなくなるかもしれない）、二重化しているネットワークの一方がダウンし、もう一方に負荷が集中している（サービスの反応速度が期待値を下回るかもしれない）というような状態も、インシデントとして扱います。

ワークアラウンドとは

　ワークアラウンド（workaround）を直訳すると、次善策、回避策という意味です。「ぐるっと回って（around）作業する（work）」、というような感じでしょうか。インシデントに対するワークアラウンドとは、「完全な解決策ではない、一時的な対策」のことを指します。代表的なワークアラウンドは、「システムを再起動する」こと。わかりやすいですね。叩いて直るんだったら叩いてみる、というのもワークアラウンドです。人間だったら、頭が痛いときに頭痛薬を飲んで痛みを和らげるのがワークアラウンドに当たるでしょう。頭が痛い根本原因を追求せずに、単に痛み止めの薬を飲んでいるだけなのですから。ということは、ワークアラウンドの反対の意味の言葉は、「完全な、恒久的な解決策」ということになるのでしょう。頭が痛い根本原因をお医者さんに行って診察してもらって究明し、根本的な治療（最悪の場合は手術！）を施してもらって治すことがこれにあたります。

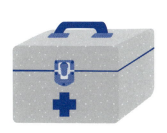

ワークアラウンド　　　　　　　完全な解決

この2つの違いは、次のように考えられます。

1. ワークアラウンド：
   目の前のインシデントを即座に取り除くことを目的として行う。とりあえず目の前のインシデントは取り除けるが、再発は防止できない
2. 完全な解決：
   インシデントの根本原因を取り除き、再発を防止することを目的として行う。恒久的な効果が期待できるが、原因の究明、解決策の選定、実施に時間やコストがかかる

　こう書くと、ワークアラウンドはなんだかその場しのぎの応急処置のようにも聞こえます。しかし、そうではありません。ワークアラウンドと完全な解決策とは、ケース・バイ・ケースで使い分けるものです。では、ワークアラウンドと完全な解決策とは、どのように考え、どのように使い分けるものなのでしょうか。それを理解するためには、インシデント管理の原理・原則を理解しなければなりません。

インシデント管理とは

　インシデント管理とは、発生したインシデントを一刻も早く取り除いて、サー

ビス品質を通常の状態に戻し、ユーザや顧客の事業を再開させることを目的としたプロセスです。

インシデント管理プロセスを考える上で、重要な原理・原則が3点あります。

⊕ 一刻も早く原状復帰する

最も重要なことは、一刻も早い原状復帰です。ユーザがログインできずに困っているのであれば、ログイン可能な状態にしてあげること、印刷できずに困っているのであれば、印刷できる状態に戻してあげること、メールが送信できずに困っているのであれば、メールが送信できるようにしてあげることに、最優先で取り組みます。

そのためには、インシデントを引き起こしている直接原因を明らかにしなければなりません。印刷できない、という直接原因は、ユーザの操作ミスかもしれませんし、プリンタの紙詰まりかもしれませんし、トナー切れかもしれません。これらは「サービス要求」として、要求実現プロセスで処理されることになるでしょう。一方、直接原因がプリンタの故障かもしれませんし、ネットワークやプリンタケーブルの異常かもしれませんし、プリンタ・ドライバの不具合かもしれません。これらは「障害」として、インシデント管理プロセスの中で対応することになります。このような直接原因を明らかにすることを「診断」と言います。

診断の結果、すでにワークアラウンドが確立されている事象であれば、そのワークアラウンドを適用します。直接原因がネットワークの不具合であり、プリンタがつながっているL2スイッチの調子が悪くて、その電源をいったん切って再投入すれば直る、というワークアラウンドが確立されていれば、そうするのです。そして「印刷できる状態」に一刻も早く戻すことがインシデント管理では非常に重要です。

インシデント	印刷ジョブをプリンタに送っても、プリンタが動かず、印刷できない
直接原因 （診断によって判明）	プリンタをネットワークにつないでいるL2スイッチの調子が悪い。L2スイッチの電源は入っているが、うまく通信してくれない
ワークアラウンド	L2スイッチの電源をいったん切り、しばらくしてから再投入する

　「一刻も早く」の目安は色々なものが考えられますが、もし顧客とSLAが締結されていれば、そのSLAに書かれたサービス目標値に従うことになるでしょう。SLAに関する説明は、第9章で行います。

　一方、ワークアラウンドが確立されていないインシデントの場合は、ここでワークアラウンド探しが始まることでしょう。この場合も、「一刻も早く復帰させる」ことを念頭において、ワークアラウンドを確立するようにしてください。たいていのユーザは、「すぐに直してほしい」ということを期待しています。

⊙ 顧客の不安や不満に共感する

　インシデントに直面したユーザは、困っているか、怒っているかのどちらかです。そのようなユーザを放っておいて、黙々とワークアラウンド探しをするのは得策ではありません。困っている、怒っている、というユーザの気持ちに共感する姿勢を見せましょう。ワークアラウンド探しに時間がかかる場合でも、可能な限りタイムリーにユーザと連絡を取り、現状を伝えるのです。

　30分間ほったらかしにされて、突然直る、という体験をしたユーザよりも、直るのに60分かかっても、5分単位ぐらいで逐一報告を受けたり、「お困りでしょう、申し訳ありませんが、もう少々お待ちください」と言われたりしながら、60分後に直る、という体験をしたユーザの方が、最終的な満足度は高い傾向にあります。前述のとおり、インシデント対応には迅速性が必要不可欠で

すが、必ずしも迅速に対応できない、という場合だってあります。そのときに重要になってくるのが、ユーザに対する共感性です。ユーザが困っている、怒っている、という事態を素直に受け止め、それに共感し、親身になって対応する姿勢をユーザに見せることが大事です。それがしっかりできていると、インシデント対応といえども「ここまでやってくれた」と思ってもらえたり、満足度の向上につながったりするのです。

➡ インシデントにフォーカスし、根本原因にフォーカスしない

　インシデント管理においては、あくまでも「インシデントを迅速に取り除き、ユーザや顧客の事業を再開する」ことに注力します。確かに、ワークアラウンドを確立するためには、診断によってインシデントの直接原因は究明できていなければなりません。しかし、インシデント管理の役割はそこまでです。インシデント管理には、インシデントの根本原因の究明は含まれません。

　これは、インシデントの根本原因の究明は、インシデント管理の原理・原則である「迅速な原状復帰」と利害が相反するからです。たとえば前述の「L2スイッチの不具合で印刷できない」という例では、インシデント管理の原理・原則に従えば、一刻も早くネットワークを復旧させ、サービス品質を元の状態に戻すことが望まれます。そのため、L2スイッチの再起動を行えば直る、というワークアラウンドが確立されているならばすぐにそうするのです。しかし、そのようにしてL2スイッチを復旧させてしまえば、L2スイッチのどこに不具合があるのか、なぜそのL2スイッチが時々おかしくなるのか、という根本原因の究明が難しくなります。根本原因を究明しようと思えば、L2スイッチがおかしい状態を保ったまま、究明を行う必要があります。それだと、原状復帰はそれだけ遅れてしまいます。そのため、インシデント管理では、あえて根本原因の究明は行わないのです。

　とはいえ、インシデントの根本原因を究明し、再発を防止することが重要な場合もあります。そこでITILでは、インシデントの根本原因の究明と再発の

防止を目的としたプロセスを、「問題管理」として独立させています。ITILが普及した当初は、「ITILの最大の発明は、インシデント管理と問題管理を分離したことである」と言われていました。実際のインシデントでは、原状復帰（インシデント管理）を優先するべきか、再発防止（問題管理）を優先するべきか、ケース・バイ・ケースでバランスを取りながら検討・実施していく必要があるでしょう。

『アポロ13』における事例

ではここで、映画『アポロ13』における、インシデント管理の事例を見てみましょう。

アポロ13号計画では、ロケットが地上を飛び立ってから（実際には飛び立つ前にも）さまざまなインシデントが発生しています。もちろん、最大のインシデント（災害といってもいい）は、酸素タンクが爆発したことによる電力と酸素の消失です。彼らはここで、月にたどり着けないどころか、生きて再び地球に戻ることができないかもしれない、という、アポロ計画史上最大の危機に直面します。ただ、この災害級のインシデントを本章で扱うには、あまりにも重すぎます。そこで、もう少し軽い…3人の宇宙飛行士を乗せたサターンV型ロケットが月に向かって発射してから、最初に発生したインシデントについて触れることにしましょう。

サターンV型ロケットが地上を離れてまもなく、ロケットのセンターエンジンが突然停止します。ロケットは、まだ地球の引力圏内にあります。脱出装置は切り離したものの、今なら飛行を安全に中止できるかもしれません。ラヴェルはコックピットに搭載された「中止スイッチ」を横目に、「**どうするヒューストン、指示をくれ**」と言います。

しかし、管制センターは別の決定を下していました。ほかの4基のエンジンに異常がなければ、航行を継続できると判断したのです。

「13号、センターエンジンが停止した原因は不明だが、ほかの4基は異常ない。残ったエンジンを予定より長く燃やせば大丈夫だ」

　3人の宇宙飛行士にそう告げたのは、通信を担当していたジャック・ルースマでした。結局、ロケットは予定どおり飛び続け、発射から12分34秒後に第3段ロケットの噴射を終えて、地球の引力圏外に脱出したのです。

　ここでは、「ロケットが十分な推進力を得られず、地球の引力圏外に脱出できないかもしれない」というインシデントが発生しています。その直接原因は、第2段ロケットのセンターエンジンの停止です。もちろん、飛んでいる最中のロケットのエンジンが停止したのですから、彼らには「即座にエンジンを修理する」という選択肢は存在しません。ここで彼らは、「残り4基のエンジンを予定より長く燃やす」というワークアラウンドを採用しました。

　さて、このセンターエンジンが停止した根本原因は、映画の最後まで明らかにされませんでした。もしこの時点でエンジンが修理可能な状態にあったとしても、彼らは修理をしなかったでしょう。ここでの彼らの事業は、「計画どおり、アポロ13号を月へ送ること」であり、局所的には「ロケットを地球の周回軌道に乗せること」です。その事業を予定どおりに行うためにはどうすればよいか、ということを最優先に考えた結果が、先のワークアラウンドです。エンジンを修理することが重要なのではありませんし、「なぜエンジンが停止したのか」という根本原因を究明することが重要なわけでもありません（ちなみに、センターエンジンが停止した根本原因は、エンジンの振動だったそうです。分解しそうなほどにエンジンが振動したことによって、コンピュータが自動的にエンジンを止めたのです。それは、後の原因究明によって明らかになりました）。

　誤解を恐れずに言えば、管制センターにとっての最大の関心事は、「ロケットを計画どおりに飛ばすこと」ではありません。「3人の宇宙飛行士を無事に月に送り届け、無事に帰還させること」です。ロケットを計画どおりに飛ばすことは、そのための条件の1つに過ぎません。それがわかっているからこそ、彼らはセンターエンジンの停止に対して、再びセンターエンジンを稼働させ、

ロケットを計画どおりの状態にする、ということは考えませんでしたし、センターエンジンがなぜ停止したのか、という原因にも無関心でした。ロケットが引力圏外に出さえすればよいわけです。そのためにどういうワークアラウンドが採れるのか、ということを考え、「残り4基のエンジンを予定より長く燃やす」という策に行き着いたのです。このワークアラウンドは、残り4基のエンジンに異常がない、燃料がまだ十分残っている、ということが前提になっています。そこで、残り4基のエンジンに異常がないかどうか、燃料の残りに問題がないか、ということを確認した上で、ワークアラウンドの適用に着手します。センターエンジンが停止した原因を究明していないこと、残り4基のエンジンに異常がないことを確認していることは、**「センターエンジンが停止した原因は不明だが、ほかの4基は異常ない」**というルースマのセリフがとても象徴的に表しています。

　ここで重要なことに触れておきます。ITスタッフは、自分たちの目の前にある情報システムを管理している、と思っていてはいけません。ITスタッフの仕事は、情報システムが提供するITサービスを利用している、ユーザの「したいこと」が滞りなく進むことを保証することです。ということは、ユーザに気持ちよくITサービスを利用してもらうために、ITスタッフは、ユーザがしたいと思っていることは何か、顧客がユーザにさせたいと思っている事業は何か、ということを正しく理解していなければなりません。

CHAPTER 07

「反応バルブを閉じろ、と伝えろ」

Capcom,
let's have them close the reactant valves.

サービスデスク

インシデントに見舞われた顧客やユーザに応対し、
そのインシデントに対応する役割を果たすのがサービスデスクです。
アポロ計画においても、サービスデスクと言える役割の人が
ちゃんと存在していました。
彼らは、ユーザである3人の宇宙飛行士を
まさに「守って」いたのです。

Scene Time → 0:55'40"-

「…フライト」

　電力と環境の担当官、通称ＥＥコムと呼ばれる任務についているサイ・リーバゴットが、ため息交じりにフライト・ディレクターであるジーン・クランツに呼びかける。

　「何かあったか」
と即座に答えるジーン。

　アポロ13号の酸素タンクが爆発してから、13分が経過していた。宇宙飛行士のジム・ラヴェルから、

「宇宙船からガスが漏れているようだ。あれは多分、酸素だ」
という報告を受け、地上の管制官は騒然となった。ジーンは先ほど、サイに、

「肯定的な要素はないか」
と指示したところだったのだ。

　この時点では、まだ管制官たちは、宇宙船に何が起こったのか、十分に把握していなかった。よもや、酸素タンクが爆発したなどとは考えもつかなかったのである。確かなのは、3つある燃料電池のうちの1号と3号に何らかの問題が発生したこと、2号酸素タンクの酸素残量がゼロになったこと、1号タンクの酸素も急速に減っていること、だけだった。

　アポロ13号の動力は、酸素と水素の化学反応で電力を得る、燃料電池によってまかなわれていた。水素タンク、2つの酸素タンク、そして3つの燃料電池は、オデッセイと呼ばれる宇宙船の一部である、支援船に搭載されていた。

　このとき、すでに燃料電池の1号と3号は完全に機能を停止していた。燃料電池3号が電力を供給しているメイン・バスＢも、やはり機能を停止していた。「メイン・バス」とは配電盤のようなもので、燃料電池が生み出す電力はいったんメイン・バスに入り、そこからそれぞれの機械に流れる仕組みになっている。宇宙船は、余裕を持たせるために2つのメイン・バスを持っていた。

CHAPTER **07** サービスデスク

そのうちの1つが、完全に電力を失っていたのである。もう1つのメイン・バスAの電圧も低下しつつあった。

また、酸素タンクは2基設置されていたが、両方が損傷を受けているのは明らかだった。酸素が尽きれば、燃料電池が電気を作り出せなくなってしまうばかりか、宇宙飛行士たちの生命維持もできなくなる。

とにかく、一刻も早く1号タンクの酸素漏れを止めなければならない。

「燃料電池の反応バルブを閉じてはどうでしょうか」

サイがジーンに提案する。

「すると、どんな効果がある？」

と尋ねるジーン。サイは、こう答えた。

「酸素はそこから漏れてるんです。問題のある2つさえ隔離してしまえば、流出は止まります」

構造上の欠陥とも言えることだが、2つの酸素タンクと3つの燃料電池は、1つのパイプで連結されていた。サイは、酸素漏れは、機能を失った1号と3号の燃料電池から起こっている、と考えた。酸素は明らかに漏れており、このままにしておくと、やがて酸素タンクの中の酸素は枯渇する。幸い、今は2号の燃料電池はまだ生きているようだが、酸素がなくなると、2号の燃料電池にも酸素が行き渡らなくなり、機能を停止してしまうだろう。それどころか、宇宙飛行士の生命も維持できなくなる。もし本当に1号と3号の燃料電池から酸素が漏れているなら、それらに連結している反応バルブを閉じれば、酸素漏れは防げるだろう。酸素漏れさえ止まれば、1つだけ残った燃料電池で、3人の宇宙飛行士を地球

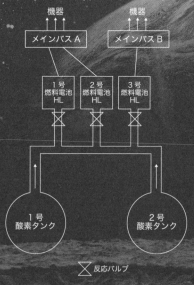

「アポロ13号 奇跡の生還」ヘンリー・クーパーjr. 著、新潮文庫 より引用

に帰らせることができるかもしれない。サイは、そう考えたのである。しかしそれは、2つの燃料電池を完全に停止させることを意味していた。

「燃料電池を2つも切ったら、月面着陸は無理だ」
　お前はこのミッションを台無しにしようというのか。怖い顔でサイをにらみつけるジーン。アポロ計画は、国家の威信をかけた一大プロジェクトである。莫大なお金もかかっている。ジーンは、この一大事でも月面着陸にこだわった。しかし、それをサイがたしなめる。
「だけど、ほかに手はありません。司令船はもう死にかけているんですよ！」

　長い沈黙が管制センターを覆う。やがて、宇宙飛行士の人命よりもミッションを優先しようとした自分を罵るかのように、ジーンは言葉を絞り出す。
「…ああ、確かに君の言うとおりだ…」

決断を迫られるジーン・クランツ

　自分の席に戻ったジーン。国家の一大プロジェクトではあるが、最終決定権は彼にある。当時のNASAでは完全な権限委譲が行われていた。NASAの長官でも、たとえ合衆国大統領でも、ジーンの決定を覆すことはできない。重圧がジーンを襲う。再び、長い沈黙。しかし、尊い人命には代えられない。

「反応バルブを閉じろと伝えろ」

　通信担当のジャック・ルースマに、これもやはり絞り出すような声で指示するジーン。その声を待って、ジャック・ルースマはオデッセイに伝える。

　「13号、こちらヒューストンだ。燃料電池の1号と3号の反応バルブを閉めてくれ。わかったか」

　この指示を聞いて、すべての意味を悟ったのはジム・ラヴェルだった。2つの燃料電池を止めてしまえば、もう月面着陸はできない。その重大な決断を、管制センターが行ったのだ。それだけ致命的なことが起こっている、ということである。そのことを確認するために、ジムが念のための問いかけを行う。

　「完全に閉じろ、ということか？　1号と3号電池の反応バルブを閉じるんだな？　燃料電池をシャットダウンしろって言うんだな」

　それに反応したのは、ジーン・クランツだった。しかし、彼は直接宇宙飛行士と話すことはしない。ジャック・ルースマに、こう指示する。

　「そうだ、と答えろ。酸素漏れを防ぐには、それしかない」

それを聞いて、ジャック・ルースマが宇宙飛行士に話しかける。

　「そうだ、ジム。酸素漏れを防ぐ方法はそれしかないんだ」

　やはりそうか…。我々は、月面着陸できないのか。世界で5人目と6人目の月面着陸に成功した宇宙飛行士、という栄誉の座につくことはできなくなったのか。今までの厳しい訓練は、一体何のためだったんだ…。おそらく、ジムの頭の中にはさまざまな思いが駆け巡ったことだろう。しかし、今はそんなことを言っている場合ではない。月面着陸をあきらめなければならないほど、事態は深刻になったのだ。次の言葉を出すことができないジム。業を煮やして、地上のジーンが問いかける。

　「了解したか」

　ジーンの問いかけは、ジャック・ルースマが代わりに宇宙飛行士に伝える。

　「いいか、ジム？」

　その声をきっかけに、やっとジムは次の言葉を口に出すことができた。

　「ああ、ヒューストン、わかった」

サービスデスクとは

　ITILでは、4つの「機能」が紹介されています。「機能」とは、英語のFunctionを訳したものですが、これはどちらかというと部門・部署を表すと考えた方が無難です。ですから、ここではあえて部門という言葉を使うことにします。

　その4つの部門の中で、筆者が最も重要だと考えているのがサービスデスクです。もちろん、ほかの部門が重要ではない、というわけではありません。しかし、サービスデスクを意識的に立ち上げ、意識的に育てることで、顧客にとってもサービス・プロバイダにとっても、非常に多くの利点があるのです。そういう意味で、筆者は特に重要だ、と考えています。

　サービスデスクは、ITサービスやITサービスを提供するためのITコンポーネントに対する問い合わせ（サービス要求）や障害報告、いわゆるインシデントを受け付ける、一元的な受付窓口のことです。しかし、サービスデスクを「受付窓口」として成熟させるためには、色々な工夫が必要です。

　まず、サービスデスクの位置づけを考えてみましょう。サービスデスクの役割は、次のとおりです。

▶SPOCとしての機能

　SPOCとは、Single Point of Contactの略です。まさに、顧客とサービスプロバイダとの間の、単一の一元的な受付窓口、という意味です。

　サービスデスクをSPOCとして設けることによって、2つのメリットを生み出します。

　1つは、顧客やユーザに対して窓口を一本化できる、という点です。たとえば「電子メールが送信できない」というインシデントに対して、顧客やユーザ側で、これはネットワークの不具合だな、とか、これはメールソフトの不調だな、などとインシデントの診断を行い、該当する部門に連絡をする、というの

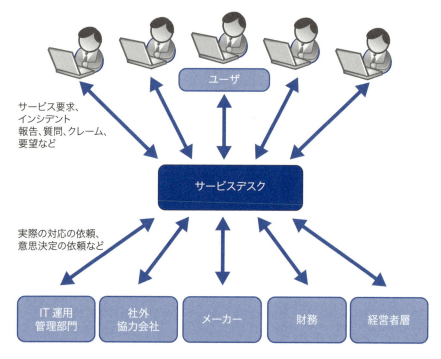

SPOC として機能するサービスデスク

は難しいでしょう。受付窓口が一本化していることによって、顧客やユーザは、どんな悩みでもとりあえずここに連絡をすれば解決してくれる、という安心感を得ることができます。

　もう1つは、ITスタッフを、顧客やユーザの煩雑な問い合わせから守ることができる、という点です。特にネットワークが障害を起こしたような場合、たくさんのユーザから、ほぼ同時に同じ問い合わせが集中してやってくることでしょう。本来、インシデントの回復に集中しなければならないITスタッフが、顧客やユーザの対応に追われてしまい、インシデントの対応ができなくなるのでは本末転倒です。ITの専門家の部門とサービスデスクとを分離することにより、ITスタッフを本来の業務に集中させることができるのです。

⇒ インシデント管理との連携

　サービスデスクは、インシデント管理プロセスの主な実行部門になります。

受け付けたインシデントを、責任を持って解決まで導く、というオーナーシップをもって取り組むべき部門です。実際のサービス回復はITスタッフが行うことになるでしょうが、現在どんなインシデントが未解決になっているか、インシデントは目標解決時間内に解決できているか、インシデントは増える傾向にあるのか減る傾向にあるのか、など、インシデントの面倒をみる主たる部門はサービスデスクなのです。

➜ プロアクティブなインシデントへの対応

インシデントの傾向を分析し、ひょっとしたらユーザが将来このインシデントに遭遇するかもしれない、という目星がついたら、そのインシデントに対するワークアラウンドをユーザに事前に提供することで、インシデントを未然に防いだり、インシデント発生時にユーザ側で独自に解決できたりする環境を提供します。ただインシデントを受け付けるだけではなく、インシデントに関する情報を積極的にユーザに提供することによって、ユーザ側でインシデントに対応してもらい、インシデントの「見た目上の数」を減らすことに貢献します。

➜ 変更管理との連携

ユーザからの変更要求（RFC）を受け付けたり、その変更要求に対する許可／拒否の決定事項や将来的な変更スケジュールをユーザに通知したりすることで、変更管理の窓口としても機能します。RFCについては、第14章で詳しく紹介します。

➜ その他

ユーザからのさまざまな要望を聞き取り、各種ITサービスマネジメント・プロセスにその要望を報告する役目を担います。また、ITサービスがユーザの需要を満たしているかどうか確認するための顧客満足度調査を行う窓口として機能させることもできます。

サービス・スタッフに求められる能力

　サービスデスクで働く人たちを、サービス・スタッフと言います。サービス・スタッフに最も求められる能力は、コミュニケーション・スキルです。特に、傾聴力と説明力は非常に重要です。

　まず、傾聴力についてです。サービスデスクに連絡してくるユーザが説明上手であるとは限りません。また、ITに関するスキルも不十分であることが多いでしょう。さらに、サービスデスクに連絡するユーザの多くはインシデントを抱えているため、焦っていたり、困っていたり、場合によっては怒っていたりすることでしょう。そんなユーザの声に積極的に耳を傾け、ユーザが抱えている課題に興味を持ち、理解できない点を質問し、言葉以上のものを聴き取ろうと努力する姿勢が必要です。

　説明力とは、ユーザが理解できる言葉で、わかりやすく、丁寧に、なおかつ簡潔に要点を説明する能力のことです。専門用語はできるだけ避け、ユーザが使うであろう言葉を用いて説明します。とはいえ、ユーザを「何も知らない」と決めつけてはいけません。もしユーザが正しいIT用語を用いて会話をしてきたら、相手のスキルに見合った言葉で説明する、という臨機応変さも必要です。

　そのほか、サービス・スタッフに必要だと思われるスキルには、次のようなものがあります。

⊙ プロ意識

　サービスデスクは、広い意味で接客業です。接客業としてのプロフェッショナル意識を持つ必要があります。言葉遣いは丁寧か、ユーザの立場でものごとを考えているか、どうすればユーザの利便性が向上するか、ということを常に考えます。また、サービス・スタッフは、ユーザからの強いストレスを常に受け続けます。そんな中でも、自らモチベーションを高め、常に笑顔で接する心構えを持たなければなりません。

➡ 共感性

サービスデスクに連絡をしてくるユーザは、前述のとおり、たいてい焦っていたり、困っていたり、怒っていたりします。そのユーザの気持ちに適切に共感する姿勢が必要です。ユーザと同じ立場で考え、ユーザを尊重し、支えになることが重要です。

➡ 文章作成能力

サービス・スタッフが受け付けたインシデントは記録され、有効な情報として再利用される必要があります。有効な情報として記録するためには、どんな情報をどのように記録すると有効か、あるいはどのような書き方をするのが適切か、どのようなキーワードを含めると検索しやすいか、さまざまな観点から「使える」情報として記録する能力が不可欠です。

➡ ストレスコントロール力

しつこいようですが、サービスデスクに連絡をしてくるユーザは、たいてい焦っているか、困っているか、怒っているかの状態にあります。サービス・スタッフがユーザから受けるストレスは相当なものになるでしょう。そのストレスを自ら解消し、ストレスをうまくコントロールする力が必要になります。ユーザと一緒に落ち込んでいってはいけません。

➡ 事業への理解

ユーザが何を望んでいるのか、なぜそれを望んでいるのか、ということを理解しないと適切なサポートは望めません。ユーザが普段どのような目的で、どのようにそのITサービスを利用しているか、ということへの理解に努め、どのようなサポートを希望しているか、ということを把握する必要があります。

一方で、ITそのものに対する高いスキルはそれほど重要ではありません。

ユーザやITスタッフが用いるIT用語が理解できる程度で十分です。また、自分たちが顧客に提供しているITサービスは何か、ということに関する最低限の知識も必要でしょうが、こちらもそこまで深いIT知識は必要ありません。

エスカレーション

　ユーザに対する最初の受付窓口に当たるサービスデスクは、1次サポートと表現されることもあります。前述のとおり、サービスデスクのスタッフにはITに関する知識よりも、どちらかというと高いヒューマンスキルが求められます。解決が難しいインシデントがサービスデスクだけでは解決できない、ということもあるでしょう。サービスデスクでは解決できない場合、あるいは対応について判断がつかない場合は、より専門のメンバ（2次サポート）にインシデントを転送し、対応をお願いすることもあります。また、2次サポートでは対応が困難な場合、さらに上位のメンバ（3次サポート）に対応をお願いすることもあります。このように、別の人に登場してもらってインシデントを段階的に取り扱うことを、エスカレーションと言います。

　エスカレーションには、下記の2種類があります。

➡ 機能的エスカレーション

　そのインシデントの解決に専門的な知識やより高い技術が必要な場合に行うエスカレーションです。技術的に高度なサポートが行えるメンバに対応を依頼します。

➡ 階層的エスカレーション

　組織の上位階層、いわゆる「偉い人」にエスカレーションすることです。重要な意思決定、経営的判断、政治的判断などが必要な場合に用います。

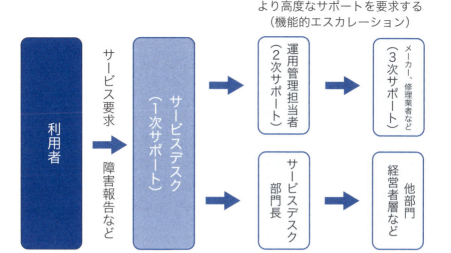

機能的エスカレーションと階層的エスカレーション

『アポロ13』における事例

ではここで、映画『アポロ13』における、サービスデスクの事例を見てみましょう。

アポロ13号の酸素タンクが爆発しました。宇宙船に乗っている飛行士も、地上の管制官も、非常に緊迫した状態に襲われます（実際には、地上の管制官がこの史上最悪の事態に気づくのにはかなりの時間がかかったそうなのですが、ここでは割愛します）。3人の宇宙飛行士の人命を守るため、再び生きて地球に戻すために、ジーン・クランツは苦渋の決断を強いられます。

映画では、電気・室内環境担当官のサイ・リーバゴットから「司令船はもう死にかけているんですよ！」と言われてから、「反応バルブを閉じろと伝えろ」と指示するまでに、25秒もの時間がかかっています。この間、ほかのセリフはありません。史実では、ジーンはもっと悩んだことでしょう。反応バルブを閉じ、2つの燃料電池を切ったら、月面着陸という最大の目的が果たせなくな

ります。ジーン・クランツは、そんな国家プロジェクトの「失敗宣告」を行う、常人なら胃に穴が空きそうな決断を迫られたわけです。

最終的に、ジーンはプロジェクトを強行するよりも、3人の宇宙飛行士の人命を優先し、決断を下します。映画では、ここでNASAの長官に一切相談をしていない、というのが特徴的です。史実でも（もしかしたら相談ぐらいはしたかもしれませんが）最終決定権はジーン・クランツにあったそうです。そこまでの強力な権限移譲が行われていたんですね。

にもかかわらず、ジーンはこの決定を、自ら宇宙飛行士に伝えようとはしません。あくまでも通信はキャップコムと呼ばれる通信担当の人に任せているのです。このキャップコムこそが、ITILでいうところのサービスデスクにあたります。

劇中に登場する2人のキャップコム

映画の中では、キャップコムは2人しか登場していません。史実ではあと何人かいたようですが、映画で確認できるキャップコムは2人のみです。1人は前述のジャック・ルースマ、もう1人は、おそらくヴァンス・ブランドではないかと思われる赤毛の人です。

実は、当時のNASAでは、キャップコムは現役の宇宙飛行士、もしくは元宇宙飛行士が務める、という決まりになっていました。これは、極限状態で任

務をこなしている宇宙飛行士の気持ちを推し量り、最適な言葉を使って伝えることができるのは同じ宇宙飛行士だけだ、という配慮からだそうです。つまり、NASAのキャップコムには、前述の「共感性」が強く求められていたわけですね。キャップコムが宇宙飛行士であれば、任務をこなしている宇宙飛行士が今どんな気持ちか、どのように言ってくれたら嬉しいか、どのタイミングで伝えるのが適切か、だいたいのことは予想がつくでしょう。声だけが頼りの通信において、この共感性は必要不可欠な要素であると言えます。

一方、ジーン・クランツは元軍人です。映画の中でも、部下に一喝して終わり、というようなシーンが数多くあります。おそらく、言葉を選ばず発言する人だったことでしょう。もしジーンが直接マイクを握ってしまったら、極限状態の宇宙飛行士の気持ちを考えることなく、とてもストレートな言葉を使って指示を出してしまうでしょう。また、管制センターの緊迫感もそのまま伝えてしまう可能性があります。そうなると、宇宙空間を飛んでいる宇宙飛行士の不安をあおりたてることになるでしょう。それを防ぐため、こんな重要な決定事項であっても、ジーンが直接通信することを避け、キャップコムに指示を出すだけに留めているのです。

映画中におけるエスカレーション

さて、映画の中では、キャップコムではない人がマイクを取るシーンが2つあります。

1つは、大気圏再突入の手順がまだ確立されていない状況において、ジム・ラヴェルが管制センターに「早く再突入の手順を教えてくれ」と詰め寄る、1:47'24"頃のシーンです。「大雑把な流れでも教えてくれないか」と言うジムに対して、何も具体的な指示が出せないジャック・ルースマは、ただ「ああ、もうすぐだ。待っていてくれ」と頼りない返事をするしかありません。そこに突然「ジム、ディークだ」と語りかけたのは、宇宙飛行士たちの事実上のボス、ディーク・スレイトンです。

ジャック・ルーマスの横でマイクを取るディーク・スレイトン

　実はこの突然の声かけに、3人の宇宙飛行士は一瞬で凍りつきます。「ディークだ！」と驚くフレッド・ヘイズ。「お手上げか？」と疑うジャック・スワイガート。それに「そうかもしれない…」とあきらめたような声で返すフレッド。3人は、ボスから直々に「君たちを地球に返す方法が見つからない。すまないが、死んでくれ」と引導を渡されることを覚悟します。

　自分が出てくることで、宇宙飛行士たちが血も逆流しそうな思いになることを、百も承知のディーク・スレイトン。彼は開口一番、こう言います。

「司令船を再起動する手順は、まとまり次第すぐにそっちへ伝える。今ケンがシミュレータに入っているんだ」

　ディークは、挨拶もそこそこに、とにかく宇宙飛行士を安心させるための言葉を伝えます。それが、「再起動するための手順は、まとまり次第すぐに伝える」というセリフです。我々はまだあきらめていない、ということを、ボスの立場から直接彼らに伝えることで、いらだつ彼らを安心させよう、というわけです。そして、その次の言葉がニクいです。「ケンがシミュレータに入ってる」です。本来であれば、ジム・ラヴェル、フレッド・ヘイズと共にアポロ13号に乗るはずだったもう1人の宇宙飛行士であり、「司令船のことは一番詳しい」とジョ

ン・アーロンから言われるほどの人物が、シミュレータで司令船再起動の手順を探っている、と伝えられたのです。3人の宇宙飛行士にとって、この時点でこれ以上安心できる言葉はありません。ディーク・スレイトンは、3人の宇宙飛行士を安心させるために、生きて帰るというモチベーションを保たせるために、あえて階層的エスカレーションを行った、と考えられます。しかもディーク・スレイトンも元宇宙飛行士なので、宇宙を飛んでいる宇宙飛行士と話をする資格は有しているのです。

　もう1つは、クライマックスにあります。やっとのことで司令船再起動の手順を確立したケン・マッティングリーが、ジャック・スワイガートにその手順を1つ1つ説明していくシーンです。

　アポロ13号が大気圏に再突入するまで、もうあまり時間が残されていません。また、やっとみつけたコンピュータ再起動の手順は、おそらく非常に特殊なものだったことでしょう。二酸化炭素を除去するためのフィルタを作る手順を教えるのとは、わけが違います。その手順をジャック・ルースマに伝えて、ジャックが説明するのでは、時間もかかりますし、間違えるというリスクも考えられます。そこでケンは、ここで機能的エスカレーションを行っています。ケンも現役の宇宙飛行士ですから、マイクを握る資格を有しています。ケンが直接ジャック・スワイガートに司令船再起動の手順を教えることで、時間の短縮と確実性を狙ったのだと考えられます。

　映画『アポロ13』には、このように、サービスデスクの重要性やその役割をしっかりと伝えるシーンもふんだんに存在するのです。

CHAPTER

08

「自分の字が読めないんだ。
思ったより疲れているみたいだな」

Ken, I'm having trouble reading my own writing.
I guess I was a little more tired
than I thought.

問題管理

ITサービスマネジメントにおいては、
「問題」という言葉には通常とは違った意味を持たせます。
インシデントと問題とをきちんと切り分け、
ケースバイケースで優先順位をつけて対応することが、
結果的に時間やコストの最適化を図ると共に、
その効果を最大限に高めることになるのです。

Scene Time → 1:52'10"-

「それじゃぁ、ジャック、最後のプロセスを復唱するんだ」

　ケン・マッティングリーが、宇宙船にいるジャック・スワイガートに無線で語りかける。酸素タンクが爆発したときにシャットダウンしたオデッセイのコンピュータを、オデッセイの予備用のバッテリーだけでどうやって起動するか。その起動の手順を、誰よりもオデッセイのことを知り尽くしている宇宙飛行士であるケン・マッティングリーや、電力のことに関しては誰よりも詳しいジョン・アーロンたちが、不眠不休で確立したのだった。

　とはいえ、ケン・マッティングリーが宇宙船に飛んで行くわけにいかない。実際にオデッセイのコンピュータを起動するのは、宇宙に旅立った司令船操縦士、ジャック・スワイガートである。ケン・マッティングリーはジャック・スワイガートに、その手順を1つ1つ口頭で伝えたばかりなのである。なにせ口頭でしか伝える手段がないので、もしかしたら伝え間違っているかもしれない。ケンはジャックに、今伝えたばかりの手順を復唱するよう指示した。

　しかし、ジャック・スワイガートから返された答えは、予想外でもあるし、当然とも言えるような言葉だった。
「待ってくれ、ケン…　実は…　自分の字が読めないんだ。思ったより疲れてるみたいだな」
　無理もない。不眠不休なのは、ケン・マッティングリーだけではない。ジャック・スワイガートをはじめとする3人の宇宙飛行士も、自らの生死をかけて、不眠不休でこの難局を乗り越えてきたのだから。

　ケンはほんの少し考えてから、ジャックに救いの手を差し伸べる。
「それじゃぁ俺が1つ1つ読んでいこう」
　少しだけ安堵し、小さくうなずくジャック。
「まず、11号パネルのメイン・バス・ブレーカーだ」
　ケンの最初の指示は、切ってあったオデッセイのブレーカーについてだっ

CHAPTER

08

問題管理

101

た。ジャックが確認する。

「メイン・バス・ブレーカーだな」

それに対して答えるケン。

「メイン・バスBを閉めろ」

（筆者注：原語では"Close main bus B."と言っている。落としてあったブレーカーを入れて通電状態にしろ、という意味である）

メイン・バスBに手を伸ばすジャック。しかし、その手がメイン・バスBに触れた瞬間、彼はその作業をためらってしまった。ジャックはケンに確認する。

「なぁ、ケン。パネル全体が水滴だらけなんだが…　もし、ショートしたらどうなる？」

もしかしたら、ジャックには負い目があったのかもしれない。自分が酸素タンクの攪拌スイッチをオンにしたせいで、酸素タンクが爆発したのだ。ジャックが酸素タンクを爆発させたわけではないが、その引き金を引いてしまったのは、ほかならぬジャックなのだ。その気持ちが、水滴だらけのスイッチを入れることをためらわせる。

地上では、その声を聞いて、ジャック・スワイガートとジョン・アーロンが目を合わせる。

仕方がない、という雰囲気で、ケンが答える。

「不安は1つずつ取り除いていこう」

そう言われても、不安が消えるわけではない。

「トースターに洗車の水をぶっかけるようなもんだ…」

ジャックはこうつぶやきながら、メイン・バスBのスイッチを入れる。暗かったオデッセイに、次々と明かりがともる。どうやら、ショートはしなかったようだ。

ケンが次々とジャックに指示を出す。

「次は5号パネルだ。ブレーカーと警告と警報、そしてメインBを閉じろ」
「次は7号パネルだ。予備ジャイロを起動させてくれ」
「連続起動回路 1、2 オン」
「反動制御装置 圧力 オン」

これらの指示を黙々とこなすジャック。
と、ここで、ジャックが指示にないことを1つだけ行った。
ノートの切れ端にペンで「NO」と大きく書いて、あるスイッチに貼ったのである。

「NO」と書かれたメモ

この紙の意味するところは何なのだろう。宇宙船内では、何事もなかったかように、ケンの指示が続く。

問題とは

　ITサービスマネジメントの世界では、「問題」という言葉を、通常とは少し違う意味で使用します。端的に言えば、問題とは、「インシデントの根本原因」のことです。

　たとえば、「ネットワークに接続されているプリンタに印刷ジョブを送っても、プリンタが動き出さず、印刷できない」というインシデントが発生した、という事象を考えます。インシデント管理の章でも登場した例です。インシデントを取り除くのはインシデント管理の役目です。インシデント管理では、そのインシデントを取り除くための診断が行われます。その結果、印刷ができないのは、「プリンタをネットワークにつなげるためのL2スイッチに何らかの不具合があり、パケットをプリンタに正しく送信できていない」ためだ、ということがわかったとします。この「L2スイッチの不具合」は、インシデントの直接原因です。とりあえずL2スイッチを再起動すれば、印刷ジョブが正しくプリンタに送られ、印刷できるようになることがわかっています。その場合のワークアラウンドは「L2スイッチを再起動する」です。

　インシデント管理の役目はこれで終わりです。インシデント管理の章で触れたとおり、インシデント管理では、「なぜ、L2スイッチの調子が悪くなったのか？」という、インシデントの根本原因に関しては追求しません。この、「なぜ、L2スイッチの調子が悪くなったのか？」という、インシデントの根本原因が「問題」です。

インシデント	印刷ジョブをプリンタに送っても、プリンタが動かず、印刷できない
直接原因 （診断によって判明）	プリンタをネットワークにつないでいるL2スイッチの調子が悪い。L2スイッチの電源は入っているが、うまく通信してくれない
ワークアラウンド	L2スイッチの電源をいったん切り、しばらくしてから再投入する
問題（根本原因）	？？？

問題は、その原因が究明され、原因を取り除くための完全な解決策、またはワークアラウンドが確立されると、「既知のエラー」と呼ばれることになります。既知のエラーは、問題の一種です。また、既知のエラーと区別するため、「問題」という言葉を「インシデントの未知の根本原因」という意味で用いられることもあります。

インシデント	印刷ジョブをプリンタに送っても、プリンタが動かず、印刷できない
直接原因 （診断によって判明）	プリンタをネットワークにつないでいるL2スイッチの調子が悪い。L2スイッチの電源は入っているが、うまく通信してくれない
ワークアラウンド	L2スイッチの電源をいったん切り、しばらくしてから再投入する
既知のエラー	L2スイッチのファームウェアに不具合があった。最新のファームウェアにアップデートすることで解決する

前述のとおり、インシデント管理では、そのインシデントの根本原因は追究しません。しかし場合によっては、インシデントの根本原因、すなわち問題をきちんと究明して、再発を防止する必要が生じる場合もあるでしょう。そのための活動が「問題管理」プロセスです。

問題管理とは

問題管理とは、発生したインシデントの根本原因を究明し、可能であればその原因を取り除いて再発を防止し、サービス品質とユーザ満足度を一定の水準に保つことを目的としたプロセスです。

問題管理の目的はもう1つあります。それは、今まで発生してきたインシデントの傾向を分析し、その根本原因を考察することで、発生するかもしれない未知のインシデントの発生を未然に防ぐためにあらかじめ対策をとっておくこ

とです。インシデント管理が「消火」と例えられ、問題管理が「防火」と例えられることがありますが、この、インシデントの発生を未然に防ぐ、という活動は、まさに「防火」だと言えるでしょう。

前述の、既知のインシデントの原因究明と再発防止を目的とした活動を「リアクティブな問題管理（日本語では『事後対応的な問題管理』）」と言い、未知のインシデントの発生を未然に防ぐための対策を目的とした活動を「プロアクティブな問題管理（日本語では『事前予防的な問題管理』）」と言います。リアクティブな問題管理もプロアクティブな問題管理も、一般には「改善」と称されるでしょう。しかし本書では、一貫して「問題管理」と呼ぶことにします。

ところで、なぜインシデント管理プロセスと問題管理プロセスとを区別するのでしょうか。理由は3つあります。

⊙ すべてのインシデントの根本原因を 究明する必要はない

軽微なインシデントは、そのインシデントの再発を防止するよりも、その都度ワークアラウンドで凌いだほうが現実的な場合があります。「再起動すれば直る」というようなワークアラウンドが確立されている場合、積極的に再起動して業務を先に進めるほうがよいと判断すれば、その方がよいのです。

⊙ インシデント管理と問題管理は利害が相反する

これはインシデント管理の項目でも書きましたが、インシデント管理プロセスの「迅速に原状復帰する」という目的と、問題管理プロセスの「（既知、未知を問わず）インシデントの原因究明と発生の防止」という目的は、その利害が相反することがあります。そのため、この2つのプロセスを明確に分け、今回のインシデントではどちらをより優先するか、ということを、その都度考えながら進めていく方が融通がきいてよいのです。

106　第3部 ▶ サービスオペレーション

➡ 問題管理だけが独自で動くこともある

　たとえば、こういうことがあります。前述のL2スイッチの不具合は、再起動すればとりあえず直る、というワークアラウンドが確立されています。しかしL2スイッチの障害頻度が次第に多くなってきました。再起動さえすれば数十秒で直る、とはいえ、あまりにも障害頻度が増えてきて、このままではユーザの満足度に少なからず影響を与える、と判断するに至りました。

　この場合、次のインシデントはまだ発生していないものの、ITスタッフが問題管理を発動させ、原因を究明し、対策を講じる、というシナリオがあり得ます。このようなときのために、インシデント管理と問題管理は分けておいたほうがよいのです。

　では、問題管理はいつ発動されるのでしょうか。答えは「いつでもよい」です。原因を究明し、再発を防止することが（そのためのコストが多少かかっても）顧客やユーザに価値を提供できる、と判断されたら、いつ問題管理を発動しても構いません。

　とはいえ、問題管理（原因究明と再発防止策の実施）には、少なからずお金や時間がかかります。これはあくまでも筆者の主観ですが、次の理由がない限り、積極的に問題管理プロセスを発動させる必要はないのではないか、と考えています。問題管理プロセスを積極的に発動させたほうがよい理由は、次の2つです。

　1つは、そのインシデントの再発をどうしても防ぎたい場合です。具体的には、そのインシデントが発生したら、人命、健康、ビジネスチャンス、売上、社会的信用、ブランドイメージなどに著しく悪影響がある場合です。

　そしてもう1つは、インシデントの悪影響はさほどではないものの、あまりにもインシデント発生頻度が多くて、顧客やユーザの満足度に悪影響を与えてしまう場合です。「どの程度の悪影響があれば問題管理プロセスを発動させ、再発を防止するか」というしきい値は、顧客と相談のうえ、SLAに記載されることになるでしょう。

『アポロ13』における事例

ではここで、映画『アポロ13』における、問題管理の事例を見てみましょう。

まずは、リアクティブな問題管理の事例です。『アポロ13』の映画の中では、リアクティブな問題管理はあまりでてきません。なにせ、一度宇宙に飛び出してしまえば、そう簡単にインシデントの再発を防止するための対策が採れるわけではないからです。とはいえ、長い目で見れば、「前回のフライトの不具合を次のフライトで改善する」という活動、すなわちリアクティブな問題管理がきちんと行われています。

シナリオの中で最もわかりやすいのは、映画の冒頭で語られている死亡事故です。1967年1月27日、通称「アポロ1号」と呼ばれている宇宙船の飛行訓練中に、3名の宇宙飛行士が事故で死亡しました。

訓練のためのシミュレータは、100%の純粋酸素で満たされ、加圧されていました。訓練中、配線のどこかがショートし、加圧酸素で満たされていたシミュレータ室内はあっという間に火に包まれました。ハッチは宇宙空間において圧力の差で外側に開いてしまうことを防ぐため、内側に開くように設計されていました。また、室内は加圧されていたため、圧力が邪魔になってハッチを内側に開けることができませんでした。そのうえ、宇宙飛行士の宇宙服は極寒に耐えるようナイロンでできていたため、火には弱く、やっとのことでシミュレータの扉を開けたときには、宇宙服はすっかり融けてしまっていました。

この事故を受け、アポロの宇宙船には以下のような改良が加えられました。

- 船内はある程度以上加圧されないようにした
- ハッチは外開きとし、7秒で開けられるようにした
- 宇宙空間に出るまでは、酸素濃度を地球と同じ程度に保つようにした（潜水病のようになることを防ぐため、宇宙空間に出たら酸素濃度が100%になるようにした）

- 不燃性の材料が使われるようになった
- 配管や配線が絶縁材で覆われた。また、1,000ヶ所を超える配線の不具合を改良した
- ナイロン製の宇宙服を、燃えにくいガラス繊維製に改良した

アポロ13号のハッチを閉めるシーン。外開きになっている

ハッチが外開きになっているという点は、映画の中でも確認できます。

一方、プロアクティブな問題管理のシーンは、映画の中で多数見受けられます。その中でも目立つのが、冒頭で紹介したシーンです。「NO」と書いたメモのことをジム・ラヴェルに尋ねられたジャック・スワイガートは、
「間違って2人を残して切り離さないように」
と答えています。彼が「NO」のメモを貼ったのは、オデッセイからアクエリアスを切り離すためのスイッチだったのです。
「いい判断だ」
と承認するジム・ラヴェルに、少しはにかんで見せるジャック・スワイガート。極度の緊張感の中にほんの一瞬だけ訪れた、気持ちがなごむシーンです。

ところで、冷静に考えてみましょう。ジャック・スワイガートは、司令船と

月着陸船を切り離す訓練を、地上で何度も行っていたはずです。彼はもともとバックアップ・クルーで、風疹に感染したかもしれないケン・マッティングリーの代わりに乗船することになった、という経歴を持ちます。とはいえ、ケン・マッティングリーに負けないほどの訓練を積んできたはずです。にもかかわらず、なぜ彼は「NO」と書いたメモを貼り付けたのでしょうか。

　筆者は、その理由は3つある、と考えています。

　1つ目は、本人が映画の中で語っていたとおり、自分の字が読めないほど疲れていたから。自分の字が読めないほど疲れている、という経験、したことがありますか？　少なくとも、筆者はありません（かなりの悪筆ですが）。おそらく、自分の字が読めない当のジャックは愕然としたことでしょう。こんなに疲れているのだから、肝心なところで判断ミスをするかもしれない。ジャックは自分の判断力を信用しない、という結論に至ったのです。

　2つ目は、本来の飛行計画と実際の飛行が大きく異なっていたから。本来の飛行計画では、宇宙船が月に近づいたら、ジム・ラヴェルとフレッド・ヘイズが月着陸船に乗り込み、ジャック・スワイガートだけが司令船に残って、月着陸船を切り離します。2人を乗せた月着陸船は、そのまま月に着陸し、任務をこなすことになっていました。つまり、ジャック・スワイガートにとっては、2人が月着陸船にいる状態で司令船から月着陸船を切り離す、というシナリオが頭の中に入っており、2人を月着陸船に残したまま司令船を切り離すことは、何ら不思議な状態ではなかったのです。しかし、今はそのシナリオで飛んでいるわけではありません。普段どおりにオペレーションを行ったらとんでもないことになります。細心の注意を払う必要がある、ということを、ジャックは理解していたのです。

　そして3つ目。これは、映像の中にヒントを見ることができます。実は、司令船から月着陸船を切り離すよりも前に、司令船から支援船を切り離すという操作を行っています。実は、司令船から支援船を切り離すスイッチは、ジャックが「NO」と書いたメモを貼ったスイッチのすぐ隣にあるのです。

　変な言い方ですが、ジャックには「間違えるチャンス」がありました。もし彼が操作を間違えるとしたら、ここです。おそらくジャックは、この操作のときに誤ったスイッチを操作しないよう、自分を戒めるために「NO」と書いた

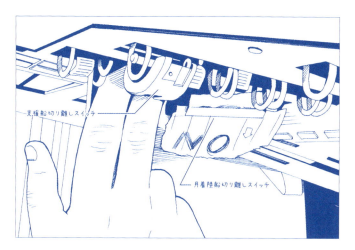

隣同士にあるスイッチ

メモをスイッチに貼ったのでしょう。

　これを、普段の私たちのオペレーションに置き換えてみましょう。実は私たちは、慣れたオペレーション（反射的オペレーション）ほど、よく間違うものです。しかも反射的に作業を行っているので、自分が間違った操作を行った、ということに気づきにくいのです。一方、慣れていないオペレーション（思考的オペレーション）は考えながら行うため、むしろ間違えにくいと言えます。

　私たちは、慣れたオペレーションを行う際に、「自分は間違えるかもしれない」と細心の注意を払えるでしょうか。間違えるかもしれない操作、間違えるかもしれないタイミング、そして間違えるかもしれない理由を冷静に分析し、自分の心に「NO」と書いたメモを貼れるでしょうか。いえ、そうしなければならないのです。人為的ミスの大半は、そう心がけることで防げるのではないか、と考えています。

映画に見られる、その他のエピソード

　さてここで、映画の中で語られている、それ以外のプロアクティブな問題管理についていくつか触れておきましょう。

筆者が最も好きなシーンは、「ジンバルの補正計算」のシーンです。オデッセイにもアクエリアスにも、船の向きを変えるための小さなエンジンがついています。酸素タンクが爆発して、3人の宇宙飛行士はアクエリアスに避難します。と同時に、オデッセイのコンピュータに搭載されていた誘導プログラム上のデータを、アクエリアスのコンピュータに転送（実際にはデータを手作業で入力）しなければなりません。やっかいなのは、オデッセイのエンジンとアクエリアスのエンジンはほんの少しずれた位置にあって、そのずれを補正しないといけない、ということです。なにせ、電卓なんてない時代です。船長のジム・ラヴェルは、その補正計算を筆算で行いました。酸素がどんどんなくなっていく、一刻を争う事態の中で、です。当然、計算間違いをしているかもしれない、という不安があります。ジム・ラヴェルは、地上のメンバに自分の計算結果が正しいかどうか、検算を依頼します。地上のメンバは5人がかりで検算を行います（そのとき、ほんの一瞬だけですが、計算尺が画面に映ります。計算尺を知らない読者の方、ぜひ検索してみてください）。この検算の依頼こそ、「補正計算が間違っていて、想定外の方向に船が進む」というインシデントを予見し、その可能性を未然に防ぐための行動です。

　こんなシーンもあります。宇宙飛行士が出す廃棄物、つまりおしっこやう○こは、原則として船外廃棄していました。また、宇宙船のコースは、誘導コンピュータが自動制御をしていました。しかし電力を節約するため、途中でアクエリアスの誘導コンピュータを止めてしまいます。管制センターは、3人の宇宙飛行士に「**これ以上何も船外に廃棄するな。反動でコースをはずれてしまう恐れがある**」と指示します。これも一種のプロアクティブな問題管理と言えるでしょう。船外廃棄の勢いで宇宙船の向きが変わってしまっても、それを補正するためのコンピュータを止めてしまっているわけですから。そこで「船外廃棄を禁止する」という、プロアクティブな活動を採ったのです。もっとも、これは「一時的な対処」として管制センターが指示したものを、宇宙飛行士が「今後ずっと船外廃棄が禁止される」と勘違いしたらしいのですが…。

　まだあります。そもそも、メイン・クルーであったケン・マッティングリーが、実際に風疹の症状が出ていないにも関わらず「風疹に感染したかもしれな

い」という理由で降ろされ、代わりにバックアップ・クルーのジャック・スワイガートがアポロ13号に乗ることになったのも、プロアクティブな問題管理と言えるでしょう。ケンには気の毒な話ですが、日本円にして数百億円をかけた一大プロジェクトです。失敗するわけにはいきません。「ケン・マッティングリーの風疹が発病し、宇宙空間で使い物にならなくなるかもしれない」というインシデントを未然に防ごうとするのは、むしろ当然の判断だと言えます。

　もう1つ。プロアクティブな問題管理プロセスは、なんと宇宙船の設計段階から盛り込まれていた、というお話です。映画をよく見てみると、宇宙船内にある数々のスイッチに、フタがついているものとついていないものとがある、ということに気付きます。つまり、誤操作すると大変なことになるスイッチ（前述のオデッセイ切り離しのスイッチはその代表です）にはフタがついており、誤操作してもさほど影響はないスイッチ（エア・フィルタを切り替えるスイッチや船外廃棄のためのスイッチなど）にはフタがついていないのです。すべてのスイッチにフタがついているわけではない、という点がミソです。もしすべてのスイッチにフタがついていたら、フタを開けるという動作は、スイッチを操作する前に必ず行う儀式的なものになってしまい、注意喚起にならないのです。このような、設計段階からインシデントを起こさないように工夫している、という点は、現代の私たちも見習わなければなりませんね。

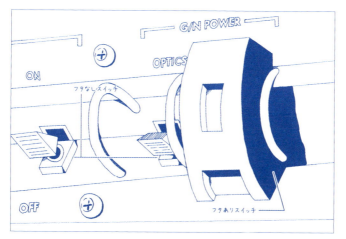

フタがついていないスイッチとフタがついているスイッチ

Column

　ここで、アポロ13とは異なる事例を1つお話ししましょう。実は筆者もまた聞きなので、詳しいことはよくわかっていないのですが…。

　北欧のどこかの国（ノルウェーかフィンランドか、さだかではありません。ごめんなさい）でのお話です。その地域は標高が高く空気が薄いため、ただでさえ火事の件数がほかの地域よりも少ないそうなのですが、中でもある消防区域（仮にA地区としましょう）はダントツで火事の件数が少なかったそうです。

　そのことに目を止めた消防署の所長は、「A地区は火事が少ないから、こんなに消防署員はいらないよね」と判断し、消防署員の数を大幅に減らしたのだそうです。そうしたら、A地区の火事はほかの地区と同程度に増えてしまったのだとか。

　勘のいい人はもうおわかりですね。A地区では、その地区のリーダーが偉かったのか、それともメンバが偉かったのか、消防署員の人たちが手分けして、火事が起きる前に自主的に「火の用心」をして回っていたのです。火事が起きる原因を調査・分析し、火事が起きそうな場所に（火事が起きる前に）出向いて、プロアクティブに防火対策をしていたのですね。しかし、消防署員の数を減らされてしまったがために、十分な火の用心ができなくなり、火事が増えてしまった、というわけです。問題点は、A地区の消防署員たちが、自分たちが行っているプロアクティブな活動を消防署長にきちんと報告していなかった、ということです。もしかしたら、そんなことをするのは当たり前だ、と思って報告しなかったのかもしれません。しかし、報告しなかったことで誤解を招いたり、自分たちが行っている努力や功績を認識してもらえなかったりして、消防署長は結果的に悲しい意思決定をしてしまったのです。その原因は、A地区の消防署長や消防署員にもあると考えます。

筆者は、これは大きな教訓を物語っていると考えます。

　それは、「プロアクティブな問題管理」の実施状況や実績は、顧客やユーザに適切にアピールする必要がある、ということです。プロアクティブな問題管理が適切に行われれば、それだけインシデントは減ります。つまり、「何も起きない」というすばらしい事態になるのです。しかし、それを適切にアピールしないでいると、「何も起きないんだから、こんなに人員や管理コストはいらないよね」なんてことを言われかねません。事実、そう言われて保守料金の値下げを要求されている読者の方もいらっしゃるのではないでしょうか。「陰で一生懸命がんばっているから何も起きないのに、顧客やユーザはそれをちっともわかってくれない」というのは、半分正しくて、半分間違っています。一生懸命がんばっていることを適切にアピールしないと、わかってくれないのは当然です。その結果、あなたの顧客やユーザは、A地区の消防署長のような間違いを犯してしまうかもしれないのです。

Column

　ITILでは「情報セキュリティ管理」というプロセスが紹介されています。本来セキュリティは設計時に検討する項目ですが、本書では情報セキュリティ管理の説明を割愛したため、ここで少しだけ説明します。

　情報セキュリティを考える上で、必要な要素が3つある、と考えられています。それは、以下のとおりです。

1. 機密性　許可された人のみ情報やデータにアクセスできること。
　　　　　　なりすましや漏洩がないこと
2. 正確性　情報やデータが常に正しいものであること。
　　　　　　改ざんがないこと
3. 可用性　必要なときに必要な情報やデータが使用できること。
　　　　　　攻撃によるダウンが発生しないこと

　いくら機密性を高めて外部からの攻撃や情報の漏洩などが防止できたとしても、情報そのものが常に正しくビジネスに価値をもたらすものでなければ意味がありません。そして、それらの情報を許可された社員が必要なときに使えなければ、会社のビジネスを支え拡大させることはできません。それどころか、もし必要なときに情報が使えないというような状況になれば、最悪の場合、会社が潰れてしまうかもしれません。

　情報セキュリティは、情報資産に対する脅威が現実のものになってから慌てても意味がありません。過去の事例を参考にしつつ、このような脅威があるかもしれないと仮説を立てつつ、常にプロアクティブに対応していかなければなりません。また、一度情報資産に被害が発生したら、二度と同じ被害を受けないよう、リアクティブにも対策を取っていかなければならないでしょう。情報資産を守ることは、問題管理を発動させなければならない必須の項目であると言えます。

第4部

サービス
デザイン

「デザインとは「設計」のことです。ITサービスのあるべき姿を設計し、可用性の高いサービスを設計し、費用対効果の高いキャパシティを設計し、災害に強い仕組みを設計することは、価値のあるITサービスを提供し続けるための第一歩です。

CHAPTER

09

「絶対に死なせません」

We are not losing those men!

サービスレベル管理

サービスレベル管理の目的は 2 つあります。
1 つは、顧客と IT サービス・プロバイダとの間で
SLA を合意・締結すること、
もう 1 つは、その SLA が遵守できているか、
SLA が顧客に価値を提供できている
という根拠になっているかどうかを測定し、
必要に応じて改善を施すことです。

Scene Time → 1:09'35"-

　アポロ13号が地球を離れて4日目。酸素タンクが爆発した翌日のことである。騒然となっているヒューストン管制センターで、めずらしくNASA長官であるトーマス・ペインの声が聞こえる。
「フライト・ディレクターの意見が聞きたいというんだ」
　そこへちょうど、当のフライト・ディレクター、ジーン・クランツがどこからか戻ってきた。

「誰がです?」
　いぶかしげに尋ねるジーン・クランツ。それに答えたのは、宇宙飛行士たちのボス、ディーク・スレイトンだった。

「大統領だ」
「ニクソンが!?」
　納得がいかない、という様子で反応するジーン。
「生還の確率を出せ、と」
「生還させますよ」
　いらだつように、ジーンが答える。

「確率を出せ、というんだ。5対1(20%)か、3対1(33%)か」
「そんなによくはないでしょう」

　現実的に、しかし悲観的に相談をしている「偉い人たち」。いくらNASAの幹部といえども、実際にフライトが始まれば、すべての権限はフライト・ディレクターであるジーン・クランツが握っている。勝手な返事はできない。とはいえ、そんなに楽観的な数字を出すこともできないだろう。そんな幹部たちの頭の中を知ってか知らずか、ジーンはドスの効いた声でこう割り込んだ。

CHAPTER

09

サービスレベル管理

「絶対に、死なせません」

絶対に死なせません

　何を言っているんだ、この人たちは。ジーンはまるでそう言いたそうだった。俺たち上層部の人間が、そんなことでどうする。絶対に死なせない。そんな覚悟がないと、この仕事は務まらない。ジーンは、3人の宇宙飛行士が二度と地球に帰れなくなる可能性のことなど、まったく考えていないようだった。

　そんなジーンを気遣ってか、それともまた怒鳴られないようにするためか、ディック・スレイトンはトーマス・ペインに向かって、ジーンに聞こえないようにこう言った。

「大統領には、3対1と」

SLAとは

ITサービスマネジメントの基本であるSLA。ITサービスを最も効果的かつ効率的にオペレーションするには大変重要なものです。

まずは、SLAそのものについて、きちんと理解しておきましょう。

SLAとはService Level Agreementの略で、日本語では「サービスレベル合意書」と呼ばれます。顧客とITサービス・プロバイダとの間で交わされる、ITサービスの内容や品質に関する合意文書のことです。

SLAにはさまざまな約束事と、それらに対する双方の責任について記述します。特に顧客の事業活動に悪い影響を与えてしまう状況（重大なインシデント、セキュリティ・インシデント、大規模災害など）については仮説を立てて想定し、解決までのプロセスや手順、目標解決時間や目標解決率などをきちんと明記します。

重大なインシデントが発生してITサービスが深刻なダメージを受けた場合は、一定の時間（たとえば1時間）停止したままならどのレベルのマネジメントに報告し、どのような内容や事項を伝えるか、あらかじめSLAで決めておきます。ITサービス・プロバイダ側の責任として、顧客側の責任者に決められた時間内に連絡するわけです。

顧客側の責任者は、インシデントの状況と解決策に関する報告などを基に、BCP（Business Continuity Plan：事業継続計画、事業に重大な影響を与える大規模な障害や災害が発生したときに、事業をどの程度継続させるかの計画のこと）を発動するかどうかなど、事業側としての対応を決めます。事業側の責任として、ITサービスの中断を想定してBCPを策定し、そのリハーサルを定期的に実施しておく責任があります。同時にBCP発動と実行にも責任を持ちます。

ここで重要なのは、SLAには事業側（顧客側）の責任とITサービス提供側（ITサービス・プロバイダ側）の責任の双方を明記する必要がある、ということです。SLAが単にITサービス・プロバイダをがんじがらめにするための道具になってしまったり、ITサービス・プロバイダが責任逃れをするためのツールになっ

てしまったりしてはいけません。SLAは常に、顧客の事業を守ることを一番の目的として作成されなければならないのです。顧客の事業を守るために、顧客側がすべきこと、ITサービス・プロバイダ側がすべきこと、そのために双方が共通の認識と理解をしておかなければならないこと、遵守すべきサービス内容とサービス品質、インシデントが発生したときの双方の役割と責任などを、顧客とITサービス・プロバイダのそれぞれの代表者が話し合って合意するのです。

SLAを取り巻くその他の文書

SLAには、それを支えるためのさまざまな文書が付随します。

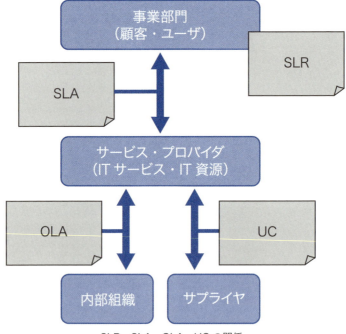

SLR、SLA、OLA、UC の関係

SLR

Service Level Requirementの略で、日本語では「サービスレベル要件」と

言います。顧客がITサービスに期待することや、ITサービスによって支えられる事業の要件などを記録する文書のことです。

SLRは、本来顧客が作成し、ITサービス・プロバイダに渡されるべきものです。しかし実際には、ITサービス・プロバイダが顧客に対して、事業に必要なITサービスの内容をヒアリングし、ITサービスが提供すべきサービス要件をまとめて作成します。SLRは事業の立場、顧客の立場で、顧客の（事業の）言葉で書かれます。システム開発における要件定義書に近いかもしれません。SLRは、SLAの作成における出発点となる文書です。

⊕ OLA

Operational Level Agreementの略で、日本語ではそのまま「オペレーショナルレベル合意書」と言います。

OLAとは、SLAを遵守することを目的として、ITサービス・プロバイダ内部で取り決めた内部文書のことです。ITサービス・プロバイダ内部（正確にはITサービス提供者と協力関係にある内部のサポートグループや、各々のサービス・スタッフ）がどのような活動をしなければならないか、ということを明記します。ITサービス・プロバイダ内部のサポート・チームのことを「内部サプライヤ」と呼ぶこともあります。ITサービス・プロバイダ内の各組織・各担当者の責任と役割、組織構成、実際に提供するサービス内容、インシデントが発生したときの目標解決時間などが含まれます。

⊕ UC

Underpinning Contractの略で、日本語では「外部委託契約」と言います。

UCは、ITサービス・プロバイダと、ITサービス・プロバイダを支援する外部のサプライヤとの間で取り交わす契約文書です。SLAを順守することを目的として、実際にサプライヤが提供する具体的なサービス内容やサポート体制、ITサービス・プロバイダ及びサプライヤ双方の役割と責任、窓口担当者、価格体系やサポート期間といった一般的な契約内容が含まれます。

さてここで、SLA、OLA、UCに関して簡単にまとめてみましょう。

SLA、OLA、UC の概要

重要なことが2つあります。

1つ目は、OLAやUCは、SLAを支える内容になっていなければならない、ということです。たとえば顧客とITサービス・プロバイダとの間で取り交わしたSLAには「インシデントは24時間受け付けます」と書いてあるにも関わらず、ITサービス・プロバイダと外部サプライヤとの間で取り交わしたUCに「外部サプライヤが原因となって発生したインシデントに関しては、9時～21時に受け付けます」と書いてあったのでは、UCがSLAを支えられていないことになります。そのため、OLAやUCの内容は、SLAと同等か、あるいは少し厳しめに設定することになります。

もう1つは、SLAは顧客の事業寄りの表現にすべきであり（IT技術に依存するような書き方は望ましくない）、OLAやUCはどちらかというとIT技術寄りの表現になる、という点です。

SLAは、事業側の責任者とITサービス提供者側の責任者との間で取り交わす文書です。基本的には、顧客の事業で使われる言葉を使って記述することになります。ITの技術的用語が羅列されるような内容になってしまうと、そのIT技術が顧客の事業をどのように支えているか、わかりにくくなります。もちろん、IT技術者のみが理解できる多くの専門用語、計測項目や数値なども列記されるべきではありません。また、提供されるサービスの対価の支払いの根拠とするものであってもいけません。

ではここで、もう少し具体的な、SLA、OLA、UCの相関について考えてみます。アポロの事例における考察はこの後に譲るとして、ここでは現実のITサービスにより近い例を挙げてみます。

まず、下記は、社内に顧客とITサービス・プロバイダがいる、という例です。

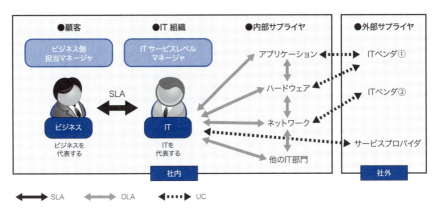

まず、顧客とITサービス・プロバイダの代表者との間でSLAが交わされます。このとき、顧客側の代表は「事業（ビジネス）側担当マネージャ」であり、通常は経営者のトップがその任に当たることになります。一方、ITサービス・プロバイダ側の代表者をサービスレベル・マネージャと呼び、通常はIT組織の長がその任にあたります。

ITサービス・プロバイダは、一枚岩の構造になっているかもしれませんし、プロバイダ内部で、アプリケーション担当部署、ハードウェア担当部署、ネットワーク担当部署、などに分かれているかもしれません。上記は、プロバイダ内部でそれぞれの専門部署が分かれているという例です。このとき、顧客に対するITサービス・プロバイダ側の窓口になる部署と各専門部署との間で、OLAが取り交わされることになります。もしかしたら、関連部署間でもOLAが交わされるかもしれません。

さらに、外部のサプライヤ（ハードウェアベンダやパッケージ・ソフトのベンダなど）とも保守契約を結んでいるかもしれません。その場合、外部サプライヤとの間とも、必要に応じて適切なUCを締結します。

次に、顧客とITサービス・プロバイダが別組織にある場合の例です。

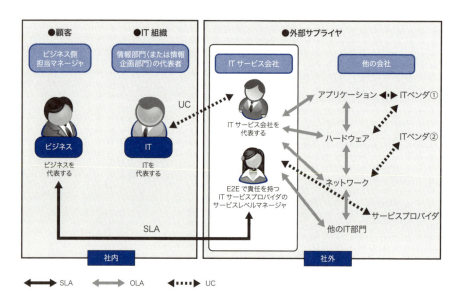

　上記の図で言うところの「ITサービス会社」は、ITIL的には「外部サービス・プロバイダ」と言います。外部サービス・プロバイダにとっての顧客は、お客様企業そのものです。しかし、SLAを締結する相手、つまり本当の意味での顧客は、自社の事業に対して責任を持ち、ITサービスに対して期待して対価を支払う事業側の代表者、つまりCEOや社長と呼ばれる人です。一方、具体的な契約は、お客様企業内にあるIT組織の代表者（CIO）と締結することになります。実際には、SLA締結を、CIOが（CEOの代行として）行うことになるかもしれません。しかし厳密に言えば、SLAを締結する相手と、契約を締結する相手は異なります。「SLAと契約は違う」という点に関しては後述します。
　また、ITサービス会社の後ろには、そのITサービス会社内部の別組織や、さらにサード・パーティのサプライヤが存在することでしょう。ITサービス会社は、それらの組織とも適切なOLAやUCを締結することになります。

SLAに記載すべきこと、記載すべきでないこと

　ITILでは、SLA、OLA、UCのバランスがきちんと取れており、上手に組み合わせた場合に大きな効果を生む、と解説しています。筆者の経験でもこれは正しいと考えます（ちなみに、必ずしもITILの解説がすべて正しいとは限りません。ITILで述べられていることが、あなたの組織に当てはまらない場合だってあるのです。ITILは絶対ではありません。どのようにITILを適用するかは、自らが取捨選択する必要があります）。

　ただ、多くの会社でSLAとして作成された文書を実際に確認してみると、現状そのほとんどは単なる契約書であり、ITILで解説しているSLAとはまったく違っていて、愕然とします。しかし、すでにSLAがあることになっていますので、別途（本来の）SLAが策定されることはありません。SLAという名の契約書（実際には、法務部門のレビューまで受けて押印された、ただの契約書）が存在していますので、SLAを権威づけするような契約書が別途交わされることもありません（本当の意味でのSLAが存在しないのですから、当たり前と言えば当たり前なのですが…）。このような状況ですので、外部プロバイダとの間でUCを取り交わすようなことはあっても、プロバイダ内部でOLAを策定しようと考えるIT部門は、残念ながらもほぼ皆無です（筆者の知る限り、きちんとOLAを策定していたITサービス・プロバイダは1社だけでした）。

　企業間で契約書を作成すれば、どうしても瑕疵責任などの観点がフォーカスされてしまいます。そのため、ITに詳しくない法務の要員がその議論を背後で操ることになります。支払いの根拠とされる数値が少しでも守られないのであればペナルティを課す、といった論点です。IT部門は事業部門と一緒になって、支払い根拠の数値が達成できなかった場合の損害額を机上で算出し、その金額を基に法務が契約書内容を相手方と協議する、なんてことになります。そしてその他の多くの支払いの根拠となる数字で同様なことが繰り返されるのです。多いときは100〜300ほどの数値を検討する場合だってあるでしょう。

SLA	契約書
● 顧客の事業をITサービスがどのように支援するかの目安となる	● 会社同士で法的拘束力のある契約を取り交わした証拠となる
● 顧客側の責任、ITサービス・プロバイダ側の責任を明確にする	● 契約内容、契約期間、契約に含まれる（または含まれない）サービスを明確にする
● SLA遵守のため、顧客とITサービス・プロバイダは互いに協力し合う内容とする	● ITサービス・プロバイダ側の瑕疵責任に言及する
● サービスレベル目標値は顧客の事業を守るための必要かつ十分な内容とする	● 顧客の支払代金の正当性を示す根拠を網羅的に提供する
● サービスレベルが遵守できなかったときの行動は"改善"	● 契約内容が遵守できなかったときの行動は"損害賠償"
● 顧客の事業に責任を持つ代表者（CEO）が合意を取り交わす	● 顧客のIT事情に詳しい責任者（CIO）が契約を取り交わす

SLA と契約書の違い

　ITILでは、SLA策定において、どちらか一方が他方に対してペナルティを課すような内容にしないほうがよい、と解説しています。また、筆者は、もし合意したサービスレベルを遵守できない場合にペナルティを課すならば、逆に合意したサービスレベルを100%遵守した場合にはインセンティブを与えるような内容も盛り込むべきだ、と考えています。

　SLAが本来の役割を果たすためには、すなわち「顧客の事業を支える」ためには、顧客とITサービス・プロバイダ双方が果たすべき役割と責任にフォーカスしなければなりません。そういう意味では、SLAにおいて、顧客とITサービス・プロバイダはある意味互角の存在なのです。単に支払い金額の根拠やペナルティの根拠にするためのSLAになるならば、そこには必ず不毛な議論が生まれます。可用性は98%がよいのか99%がよいのか、あるいは99.9%では駄目なのか…。そしてそれが仮に達成できなかったとしたらどうするのか、と

いう議論に多くの時間と手間を費やすことに、「価値を提供する」というITサービス本来の意味が込められるでしょうか。もちろん会社同士の契約には違いありませんから、こういった議論も必要になるでしょう。しかし、これらの議論は、SLAとは異なる「契約書」を交わす上ですべき議論であり、SLAを策定する際に行うべき議論ではありません。

　SLAと契約書とを混同してしまうと、実質的にITサービスの費用を負担する事業部門にとっては、「お金を払うからには絶対に可用性は100％だ！」と言って一歩も譲らない、というような状況が起こりえます。実際には、可用性が98％であっても顧客の事業に深刻な影響が出ないのであればそれでもいいはずです。あるいは、繁忙期は99.9％の可用性が必要だが、閑散期は95％でも差し支えない、という場合だってあるでしょう。しかし、ここにお金が絡むと、それでは納得しない、ということになるのです。

　事業のスピードは年を追うごとにどんどんアップしています。クラウドだ、IoTだ、という時代にスピード感をもって対応するためには、こんなところに時間を割いて議論している場合ではありません。

　また、これからの時代は1社単独でのビジネス・イノベーションにも限界があります。異業種他社との協業も重要な要素となってきます。それを考えれば、企業間で必要とされる契約や合意内容も、簡潔で意味のあるものにしなければなりません。SLAや契約書のあり方を考え直し、自分たちの身を守るためだけの契約書の作成に多くの手間と時間を費やすことを止めるべきではないでしょうか。

　そんなの難しくてできない？　いえいえ、そんなことはありません。SLAという名の契約書を策定する際の不毛の議論に比べたら、実はその数分の一の手間と時間で「簡潔な、意味のあるSLA」が策定できるようになります。毎年の更改においても簡潔にかつ短時間で完了するようになるのです（初めてのときは顧客を効果的に巻き込むまでに時間を要するかもしれませんが）。

　せっかく本書を手に取ってくださったのですから、これを機会にあなたの会

社のSLAを見直してみてください。ぜひ、SLAの定義と基本的な考え方を確実に理解してください。SLAという言葉がその正しい定義とは別に一人歩きしている、という現状を正していきましょう。

　近年、SLAの書き方を解説している書籍が複数出版されています。もしその書籍を参考にされるのであれば、その書籍におけるSLAの位置づけを確認してください。顧客の事業に価値を提供するためのサービスには何が必要か、価値あるサービスを提供し続けるためにあらかじめ何を決めておかなければならないか、ということをベースに書かれた解説書ならば、それはSLAを正しく理解している（少なくともITILが定義するSLAと同義でSLAを語っている）書籍です。一方、自分たちの立場と安全を守るための道具としてSLAを使い、契約書の書き方とその運用方法について解説している本ならば、残念ながらそれはSLAを正しく理解していない（またはITILが定義するSLAとは異なった解釈の）書籍です。100個を超えるような計測値の設定や、それらを支払いの根拠とする内容のものならば、それはITILの定義では契約書です。IT関連の契約書の書き方としてはとてもよい参考になりますが、価値を産むSLAを書く参考にはならないでしょう（実際、本当に価値を生むSLAでは、サービスレベル目標値はそれぞれのサービスごとに多くても10項目程度にしておくことが望ましい、とされています）。

ITのバリュー・チェーンを考える

　ITサービスマネジメントの最大の目的は、顧客の事業に価値あるITサービスを提供し続けることです。価値あるITサービスを提供し続けるためには何が必要かを考え、プロセスを策定し、そのプロセスに基づいて活動することで、顧客はサービスとしての価値を享受し続けることができて、よりよい事業成果を産むことができるようになります。ITサービスの提供部門は、そういった意味で顧客の事業成果に責任を持つことになるのです（すべての責任、ということではありませんが）。

　したがって、SLAを策定するときには、事業の目的や達成目標を明確にする

ことが必要になります。提供されるITサービスが事業の目的や目標と紐づいていなければなりません。

　SLAが事業の目的や目標にきちんと紐づいて価値を提供することを確実にするため、事業側（顧客側）、ITサービス提供者側（ITサービス・プロバイダ側）のお互いの責任を明確にし、さらにそれらを確実にするためのOLAやUCを策定していきましょう。そしてITサービス・プロバイダのみならず、関連する内部組織や外部サプライヤも混然一体となって顧客の事業に価値をもたらすことに取り組んでいきましょう。そうすれば、そのITサービスに関わるすべての「提供者」によって、顧客の事業に価値を届ける「バリュー・チェーン」が構成されることになります。

　SLAの策定や議論の中で、解決されるべきイシュー（論点）を明確にしていきます。それらは顧客とITサービス・プロバイダとの間での共通認識、共通言語となるでしょう。共通化されたイシュー（論点）に対して議論を深めれば、事業部門とITサービス提供部門がどのように協業して価値をもたらす解決策を構築するのか、そのためにはどれぐらいの費用やリソース、時間がかかるのか、現実的で建設的な答えが導き出されることになるでしょう。

『アポロ13』における事例

　さて、本書の主題と少し外れてきましたね。ここで話題を映画『アポロ13』に戻します。

　そもそも、アポロ計画にはSLAが存在していたでしょうか。結論から言うと、わかりません。ごめんなさい。

　しかし、推測の域を出ませんが（もちろん映画を観た結果としての推測でしかありませんが…）、明確なSLAはなかったのではないか、と考えます。

　筆者が映画を観て、SLAが存在しなかったと推測する理由が1つあります。それは、本章の冒頭で紹介したエピソードです。

と、その前に。アポロ計画で考えると、一体誰と誰がSLAを策定して合意し、運用するのが適切でしょうか。

◉ 案1：ジーン・クランツ（サービスを提供する側）とジム・ラヴェル（サービスを享受する側）

これは違いますね。船長はこの計画に責任と権限を持った上で実質的にその費用を負担しているわけではありませんから、顧客ではありません。第4章で考察したとおり、ジム・ラヴェルはユーザであると考えるのが妥当です。ここで注意していただきたいのですが、SLAを締結するのは、ITサービス・プロバイダとユーザとの間ではない、ということです。

また、ジーン・クランツはサービスマネジメントを確実に遂行する実行責任者の立場ですが、アポロ13号計画すべての責任を負っているわけではありません。たとえば、ケン・マッティングリーに風疹の疑いがかかり、交代させられるシーンにおいては、こんな重要な決定であるにも関わらず、彼はその場に同席しておらず、意見も述べていません。

◉ 案2：アメリカ大統領（リチャード・ニクソン）と国民

これも違います。

アメリカ大統領は政治家として国民に対してサービスを提供する立場にあります。最近はマニュフェストといって、政策実現を約束するようなこともあります。しかし、アポロ計画においては、アメリカ大統領は国民に何かのサービスを提供しているわけではありません。

アポロ計画はアメリカの威信をかけた国家プロジェクトです。アポロ計画の成否は、そのままアメリカ国家の威信に大きな影響を与えます。そう考えると、アメリカ大統領はアポロ計画にお金を出し、宇宙開発の成果（＝ソ連をはじめとする他国家に対する優位性）を受け取る顧客であると考えるのが妥当です。一方、国民はアポロ計画にお金を提供している国家に税金を支払っている、真の顧客ではないか、と考えることもできそうです。しかし、国民の誰かが代表

者となってSLAを締結する責任を負う、とは考えられません。確かに税金は支払っていますが、国民はアメリカの優位性を受け取るその他大勢の一般消費者と理解する方が無難でしょう。

案3：NASAの責任者（トーマス・ペイン）と アポロ計画の責任者

多分これは半分正解。え？　と思うかもしれませんが。

NASAの責任者は実質的にアポロ計画を実施させ、アメリカ合衆国の宇宙開発計画を達成させる責任を負います。アメリカ議会において計画を説明して予算を獲得し、実質的にアポロ計画の費用を負担しています。NASAをアメリカ合衆国の一省庁と考えれば、つじつまが合います。

それに対して、アポロ計画の責任者は人類を月に送り込み、生還させるサービスを構築し提供することのすべての責任をもっています。しかし残念なことに、アポロ計画の責任者らしき特別な人は、この映画には登場しません。ディーク・スレイトンは宇宙飛行士たちのボスですから、計画の責任者ではないでしょう。映画から読み解く限り、アポロ計画全体の責任者は、やはりNASAの長官であるトーマス・ペインであると考えるのが妥当です。しかしそうなると、事業側の代表者とITサービス・プロバイダ側の代表者が同一人物ということになり、つじつまが合いません。

案4：アメリカ大統領（リチャード・ニクソン）と アポロ計画（NASA）の責任者（トーマス・ペイン）

なんだかんだ言ってもこれが一番スッキリ。多分最も正解に近いと言えるでしょう。

アメリカ大統領は国家としての責任者として、議会を説得して予算を確保し、万一の際にはすべての責任を取ります。計画全体の続行、中止の決定を行う権限も持っています。

一方、NASAはアポロ計画を実行・推進し、大統領にサービスとして提供します。アメリカ大統領はアポロ計画というサービスを享受し活用することに

よって、アメリカの優位性を証明する、という目標を達成するのです。

　3名の宇宙飛行士はNASAに属していますが、ヒューストン管制センターとのやり取りから考えて、アメリカ大統領の事業を遂行するユーザであると定義するのがよさそうです。

　さてさて、筆者が「アポロ計画にはSLAが存在しなかった」と推測する唯一の理由について、お話ししましょう。

　本章の冒頭で紹介したシーンについて考えてみます。アポロ13号に深刻なインシデントが発生したとき、アメリカ大統領が3人の宇宙飛行士が生還する確率を聞いてきます。顧客としては、おおいに気になるところでしょう。自分の事業（アメリカの優位性を証明する）に大きな影を落とすことになるなら、今のうちに何か対策を立てておかなければならないかもしれません（スピーチ原稿の準備が必要になるかもしれませんね）。サービスマネジメントの実行責任者であるジーン・クランツは「絶対に生還させる」と言っていましたが、NASAの長官は、最終的には3分の1だと答えることに決めたようです。

　もし、アメリカ大統領とNASAとの間でSLAが締結されており、そこに深刻なインシデントが発生したときのコミュニケーション・プロセスが定義されていれば、顧客である大統領への状況報告は、そのプロセスを通して行われていたでしょう。しかし映画では、大統領からの質問に付け焼刃的に回答しているように見受けられます。大統領に対する報告プロセスや、その報告内容を決定するプロセスが存在していないように見えるのです。これが、筆者が「SLAは存在しなかったのではないか」と推測する理由です。

　とは言うものの…。このようなワラをも掴む状況の中、インシデント管理の実行責任者でもあるジーン・クランツに、冷静に客観的に答える余裕があったとは考えにくいですし、もし冷静に考えられたとしても、その回答を淡々と冷徹に述べることは困難だったでしょう。仮に生還率が30%である、と自ら答えてしまったら、自ら「70%の確率で生還できない」と認めてしまうことになるわけですから。

134　　第4部 ▶ サービスデザイン

今、「インシデント管理の実行責任者でもあるジーン・クランツ」と書きました。映画を観る限り、後に述べるすべての管理プロセスの実行責任者が、ジーン・クランツに集約されています。しかしITILでは、いくつかの管理プロセスはその実行責任者を兼務しないほうがよい、としています。忙しすぎるから、ではなく、それぞれの立場に立った冷静な判断がしづらくなるから、というのが主な理由です。管理プロセスの中には、その目的や利害が相反するものもあります。目的や利害が相反する2つの管理プロセスの責任者を1人が兼務していたら、「あちらを立てればこちらが立たず」というような状態になってしまい、正しく判断をすることが難しくなるのです。特に、サービスデスクの責任者とインシデント管理の責任者は兼務しないほうがよい、ということは明記されています。たとえば、サービスデスクは顧客とユーザとの適切なコミュニケーションが要求されますが、重大なインシデントの場合は、それが達成されないこともあります。管理プロセスの責任者を1名で兼任させると、人的な効率化ができると考えがちなのですが、意思決定をより確実にするためには、必ずしもそうとは限りません。2名の実行責任者が自分の立場で議論を交わし、「今回のケースにおいて顧客に対する価値を最大化するためにはどのような方策が適切か」ということをその都度決定していく必要があるのです。

そう考えると、すべての管理プロセスの責任者を兼務していたジーン・クランツには、非常に重い責任がのしかかっていたことになります。また、複数の管理プロセスの意見が相反した場合は、ジレンマになるでしょう。そんな重圧の中、彼は「絶対に死なせません」と言わざるをえない状況に陥った、とも考えられます。

CHAPTER
10

「チャーリー・デュークが
風疹にかかっている」

Charlie Duke has the measles.

可用性管理

稼働率という言葉で表される可用性は、

顧客やユーザにとって、満足のバロメータの1つです。

顧客とユーザは高い可用性を求めます。

その期待にどのように応えるのか、そもそも可用性とは何なのか。

それに答えを出すことは永遠の課題です。

ITサービスマネジメントは、それにヒントを提供してくれます。

Scene Time → 1:15'06"-

　1970年4月9日。いよいよ、アポロ13号打ち上げまで後2日と迫った、ケープケネディ（現ケープカナベラル）、のケネディ宇宙センター。ここは、1961年に故ジョン・F・ケネディ元大統領がアポロによる月着陸計画の支援を表明したことに経緯を表し、そう名付けられている。アポロ計画における有人宇宙飛行は、すべてこのケネディ宇宙センターから打ち上げられている。

　巨大な作業車の脇に、ジム・ラヴェルの姿があった。彼は一度、アポロ8号でこの地から宇宙へ飛び立っている。今回の打ち上げまで、後2日。外見上は平静を装っているが、実際にはその心境は興奮しているようだ。いつもよりわずかに言葉に落ち着きがない。

　作業員の1人が、ジムに話しかける。
「明日の午前9時に予定しておきます」
　それを即座に却下したのは、ほかならぬジムであった。
「駄目だ、もう時間がないよ」
「なんで？」と尋ねる作業員。若干焦りを覚えているジムは、それでもできるだけ冷静に現状を説明する。しかし、いつもより少し早口なようだ。
「明日、フレッドと僕はもう一度月面実験の打ち合わせだし、ケンもシミュレータに入ると言ってる。それに今夜はフライトからの確認だし…」

　そこに、別の作業員が近づいてきた。ジムはその作業員と握手すると、巨大なロケットを指さして、ふたことばかり言葉を交わした。本当に忙しそうだ。

　そこへ、NASAのロゴマークをつけた白い車が滑り込んできた。ジムのすぐ側で車が停止すると、中から2名の男性が降りてきた。1人はジム・ラヴェルのボス、ディーク・スレイトン。そしてもう1人は、今回のミッションで医療班を担当する人物、つまりお医者さんである。

　車から降りるなり、ディークがジムに話しかける。挨拶は抜きだ。

CHAPTER

10

可用性管理

「ジム、大変なことになったぞ」

ジムからの返事を待つこともなく、医者がジムにことの説明を始める。容赦なしだ。

「血液検査の結果が出たんだが、チャーリー・デュークが風疹にかかっている」

この一言に驚くジム。チャーリー・デュークは、アポロ13号計画におけるバックアップ・クルーの1人で、月着陸船操縦士である。同じくバックアップ・クルーである船長のジャック・ヤング、司令船操縦士のジャック・スワイガートと共に、メイン・クルーのジム・ラヴェル、ケン・マッティングリー、フレッド・ヘイズの身に何かあったときに備えて、メイン・クルーと同じ訓練を積んでいる。しかし、風疹にかかってしまったのでは、もう宇宙飛行どころではない。

「バックアップの入れ替え？」

ジムが驚きを隠さずに尋ねる。しかし医者はそれには答えず、

「君らも接触しているだろ」

と答えた。

どういうことだ？「君らも接触」って…。ああ、我々も風疹に感染する可能性がある、ということか。即座に言葉の意味を理解したジムは、安心してくれ、と言わんばかりにこう答えた。

「僕は免疫がある」

そう、ジムは一度、風疹にかかった経験があるのだ。しかし、ディークはさらにジムの予想の上を行く。

「ケンはないんだ」

―――

場所は変わって、NASAの長官室。NASAの長官、トーマス・ペインが椅子に座っている。その横に、ディーク・スレイトンと、さっきの医者。3人が鋭い眼光で見つめているのは、ジム・ラヴェルである。ジムはたった今、風疹の免疫がないメイン・クルーのケン・マッティングリーを降板させ、バッ

138　第4部 ▶ サービスデザイン

クアップ・クルーのジャック・スワイガートに替える、という提案を聞かされたばかりである。
「ああ、あの、打ち上げ2日前になってメンバを入れ替えるっていうんですか？　僕たちは息もぴったりだし、声の調子で、気持ちも読めるんですよ」
　提案…。というより、これはもう決定に近い。長官の決定は絶対だ。確かにミッションの成功率を高めるためには、風疹を発症するかもしれないケンよりも、その危険性のないジャック・スワイガートを採用するほうがよい、ということはわかっている。理屈ではそのとおりだ。しかし、それでもジムにはまだ納得がいかない。

　そのジムに対して、状況が理解できていないと思ったのだろう、医者が説明を始める。
「もしもケンが感染しているとしたら、ちょうど着陸船と司令船がランデブーする頃に発病するはずなんだ」
　ディークがそれに続ける。
「そんなときに熱出されちゃ困るだろ？」

厳しい決定を聞かされるジム・ラヴェル

　司令船と月着陸船は、いったん別々にサターンV型ロケットに搭載されて、宇宙へ飛び立つ。最初からジョイントしたままでは、打ち上げ時の振動にジョ

イント部分が耐えられないのだ。そこで、宇宙空間に飛び出した後、司令船がいったんロケットから分離し、180度向きを変えて月着陸船を迎えに行く。司令船と月着陸船がランデブー…。つまり、ドッキングを果たした上で、司令船が月着陸船をロケットから引き出して、月に向かう、という寸法だ。

その「宇宙空間で司令船を操作し、同じく宇宙に浮かんでいる月着陸船とドッキングする」という難しいミッションは、司令船操縦士であるケン・マッティングリー（またはジャック・スワイガート）が行うことになっている。確かに、風疹による発熱を抱えている状態でできるようなものではない。非常に繊細な感覚を必要とする作業である。

それでもジムは食い下がる。
「しかし、ジャックは何週間も訓練を遠ざかってる」
そこへ、今までずっと黙っていたトーマス・ペインが口を挟む。
「能力的には問題ない」
「それは知ってますけど、ここんとこシミュレーションもやってないんです」
いや、ジャック・スワイガートが無能だ、というわけではない。ジムは、どうしてもケンと飛びたかったのだ。半年間、いや、それ以上の期間、一緒に苦労を共にした仲間である。はい、そうですか、と簡単に受け入れるには、その決定はあまりにも重すぎた。

そんなジムに、トーマス・ペインが引導を渡す。
「君の気持ちはよくわかる。しかし2つに1つだ。ケンをあきらめてジャックと替えるか、3人揃って今回は見送るか」

可用性とは

　可用性管理はITSMにおける最も重要な要素です。ITILではプロセスと呼んでいますが、その重要さたるや、プロセスの枠を超えているといってもいいでしょう。

　可用性のことを詳しく述べる前に、まず「可用性」という言葉そのものの定義をはっきりさせておきましょう。

　可用性をひとことで表すと、次のように定義できます。

> *ITサービスが使えるはずの時間帯の中で、実際にそのITサービスが計画どおりのサービス価値を提供できている割合のこと。*

　一般には「稼働率」という言葉で表すことができる、可用性。可用性の公式は、次のとおりです。

$$可用性 = \frac{実際にサービスが提供された時間}{サービスを提供すると決めた時間}$$

　さらに、

実際にサービスが提供された時間 ＝ サービスを提供すると決めた時間 － サービスが提供できなかった時間(ダウンタイム)

です。

　この「サービスを提供すると決めた時間」とは、通常、SLAに定義された時間のことを指します。

　一般のITサービスで例えるなら、基幹ビジネスを支えるサービスが平日6時から25時（深夜1時）までの19時間稼働すればよいとSLAに定義されていたとします。1ヶ月のうちの平日が20日間あったのなら、「サービスを提供すると決めた時間」は、19時間×20日間＝380時間です。このうち、もし午後1時から午後3時までの、2時間のダウンタイムが1回あったとしたら、稼働率は

141

$$(380時間 － 2時間) ÷ 380時間 ≒ 99.5\%$$

ということになりますね。逆に、この2時間のダウンタイムが午前3時から午前5時までの間で発生したのであれば、その時間帯は「サービスを提供すると決めた時間」に含まれないわけですから、可用性の数値が下がることはありません。

可用性は、顧客やユーザの満足度を決定する最大の要素であるといっても過言ではありません。顧客の事業に不可欠なサービスが必要とするときに使えないのであれば、それは顧客の事業を阻害していることになるわけですから。そうなると、もちろん満足度は下がります。会社としてのリスクやセキュリティの観点からも、可用性は非常に重要です。

また、可用性を高めるためにはITサービスマネジメントのすべてを正しく整備し、効果的な活動を実行することが求められます。たとえば、インシデント管理が正しく整備され、インシデントを短時間で解決することができれば、それだけ可用性は向上します。問題管理が成熟しており、インシデントの根本原因を見つけ出して解決すれば、同じインシデントの再発を防止できるわけですから、これまた可用性は向上します。さらに、後の章で述べる変更管理が正しく実践されていれば、ITサービスの変更に起因する新たなインシデントの発生を最小限に抑えることができますので、可用性は向上します。別の視点では、信頼性の高いテクノロジを採用し、日々のメンテナンスを確実に実行することや、テクノロジの標準化と簡素化を推進すること、加えてITスタッフやユーザに対するトレーニングをすることでも、可用性は向上するでしょう。

可用性管理とは

しかし…。残念ながら、可用性が100%なんてことはあり得ません。本当に残念ですが、絶対にあり得ません。確かに可用性100%を目指すことは重要ですし、それは理想です。顧客側は常に可用性100%を求めてきます。現実世界では、非常に多くのITサービスが限りなく可用性100%に近い状態で稼働し

ていますから、運用チームの血と汗と涙なしには語れない努力の数々には、頭が下がります。でも、ここは現実的になりましょう。機械である以上、故障は必ず発生します。人間が作るソフトウェアである以上、不具合を完全にゼロにすることはできません。また、可用性を高めようとすればするほど、その費用や工数は莫大なものになります。事業に必要なITサービスの可用性と、それにかけるコストとのバランスを考えながら実現してゆくことを考えれば、可用性100%は不可能だ、と言わざるをえないのです。国家予算を惜しげもなくつぎ込んだアポロ計画ですら、死亡事故（アポロ1号）や月面着陸失敗（アポロ13号）という、可用性（というよりも事業継続性かもしれません）に影響を与える事態が発生しているのですから。

　むしろ、映画を観ていると、アポロ13のトレーニングやシミュレーション・テストなどは「可用性は100%ではない」という前提で行われていることがわかります。映画の冒頭で、ケン・マッティングリーが月着陸船とのドッキングの訓練をしている際、地上スタッフが「**スラスター（推進装置）をいくつか切ってみよう。さぁ、どうする、ケン**」といういたずら（?）を仕掛けています。これはもちろん気まぐれや意地悪でやっているのではありません。スラスターの可用性が100%とは言えない、という前提で訓練をしている何よりの証拠です。

　多くの人命や国家存続のリスクがかかるようなときは、現在でも莫大なコストをかけて冗長化が図られています。たとえばアメリカ大統領の海外訪問時は大統領専用機を使用しますが、もう1機の専用機もバックアップとして現地まで飛んでいます。かつて日本の小泉首相が北朝鮮を電撃訪問した際も、日本の政府専用機は2機体制で飛んでいました。確認はしていませんが、おそらくオバマ大統領が広島を訪問したときも同様でしょう。

　どれだけ信頼性の高い機材を整備して、プロセスや手順を標準化して、スタッフの訓練を行っても、可用性は100%にはなりません。信頼性の観点で、絶対に故障しないテクノロジや機材だけでサービスを構築することは不可能です。可用性が100%でないものを組み合わせれば、全体の信頼性は理論上さらに低下します。

　私たちは、可用性は100%ではないという前提でITサービスマネジメント

に取り組まなければなりません。

　では、ITサービスにどの程度の可用性があれば、顧客の事業に悪影響を与えることなく（あるいは最小限の影響で）ITサービスがその事業を支えている、と言えるでしょうか。それを定めるのがSLAです。また、SLAに記載された可用性を遵守すべく、可用性を高める手段を考え、ITサービスを設計するためのプロセスが可用性管理であると言えます。

　さて、ITILの古いバージョンには、次のようなことが書かれていました。最新のバージョンではこれらの記述はあまり目立たなくなってしまったのですが、筆者は今でもこれらの考え方はとても大切だと考えています。その、可用性を考える上で重要な原則は、次の3つです。

⊙ 可用性は、事業とユーザの満足の核である

　ITサービスを用いて事業を遂行している顧客やユーザにとって、ITサービスの可用性の高さは、ITサービスへの満足そのものに多大な影響を与えます。これは言うまでもないでしょう。可用性100%はあり得ない、と書いてはみたものの、今や顧客やユーザはITサービスを「使えて当たり前」と認識していることは確かです。

⊙ うまくいかない場合でも、事業とユーザの満足を 達成することはまだ可能である

　「使えて当たり前」と思っている顧客やユーザと、可用性100%はあり得ないという現実とのギャップを埋めるのは非常に難しいことです。しかし、そのギャップは確実に存在します。重要なことは、そのギャップの存在を認めることと、ギャップが現実のものになったとき、すなわち可用性が低下したときにどのように迅速に、かつ的確に対応するか、ということです。具体的には、可用性が低下したときに備えてあらかじめ対応策を決めておく、代替案を用意しておく、ITスタッフのトレーニングをしっかり行っておく、サービスデスク

のコミュニケーション能力を高めておくなど、顧客の満足度を得る方法を考え、実践することが必要です。

ITサービスがどのように事業をサポートするかを理解して初めて、可用性の改善が可能である

うまくいかないすべての場合を想定し、その対応策を用意するのでは、コストや時間がいくらあっても足りないでしょう。顧客の事業の中でITサービスがどのように用いられているのかを見極め、可用性が低下すると事業に大きな影響を与えるであろう部分や、逆に多少可用性が低下しても一大事に至らないであろう部分などを識別し、優先度をつけて可用性を高める投資を行うことによって、費用対効果の高い可用性管理が可能であると考えます。

可用性の3要素

突然ですが、可用性そのものを直接高めることはできません。なぜなら可用性とは、次の3つの基本要素から構成されているからです。

可用性 = 信頼性 + 保守性 + サービス性

可用性を高めるためには、信頼性、保守性、サービス性をそれぞれ高めていく必要がある、というわけです。

1つずつ説明していきましょう。

信頼性

単純に言えば、ITサービスそのものや、ITサービスを構成しているハードウェアやソフトウェアなどの「壊れにくさ」のことです。信頼性の指標の1つに、MTBF（Mean Time to Between Failure：平均故障間隔）があります。これは、障害が復旧してから次の障害が発生するまでの平均時間で、一般に「サービスが提供できている時間（アップタイム）」のことです。MTBFが長

ければ長いほど「壊れにくい」ということになります。MTBFを長くするためには、より信頼性のある部品（ハードウェアやソフトウェア）を用いる、部品を多重化する、壊れる前に最新のものに取り換えてしまう（予防保守）、といった方法が考えられます。

⊕ 保守性

　こちらも単純に言えば、壊れてしまったITサービスやハードウェア、ソフトウェアなどの「直しやすさ」のことです。保守性の指標の1つに、MTRS（Mean Time to Restore Service：平均サービス回復時間）があります。これは、ITサービスが停止してしまってからそのサービスが回復するまでにかかる平均時間で、一般に「サービスが提供できていない時間（ダウンタイム）」のことです。MTRSが短ければ短いほど「直しやすい（すぐ直る）」ということになります。MTRSを短くするためには、壊れやすい箇所をあらかじめ特定しておく、修理手順を標準化し、ITスタッフのトレーニングをしておく、修理部品や予備機をすぐ側に常設しておく、といった方法が考えられます。

⊕ サービス性

　ITサービス・プロバイダを支援する外部のサプライヤが持っている可用性レベルのことを言います。いくらITサービス・プロバイダ自身の可用性レベルが高くても、ITサービス・プロバイダを支援するサプライヤの可用性レベルが低いのでは、結局全体の可用性レベルはサプライヤに引っ張られてしまうことになります。サプライヤには、ITサービス・プロバイダと同等、あるいはそれ以上の可用性レベルが求められるのです。そしてその目指すべき可用性レベルは、顧客とITサービス・プロバイダとの間で取り交わされるSLAを基に設計されます。

　ちなみに、MTRSと非常によく似た指標として、MTTR（Mean Time To Recovery：平均修理時間）というものがあります。本によっては、MTRSとMTTRは同じである、と表現しているものもあります。しかし筆者は、

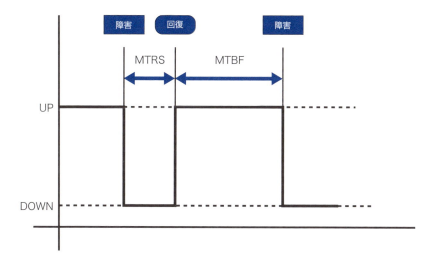

MTBF と MTRS

MTRSとMTTRはわずかに考え方が異なっている、と解釈しています。それは、次のような違いです。

MTRS	MTTR
サービスに注目し、サービスが提供できなくなってから再び提供を開始する（回復する）までの時間	ハードウェアやソフトウェアなどの構成要素に注目し、それらが故障してから復旧するまでの時間

　どういうことでしょうか。わかりやすい例として、ITサービスを提供しているサーバのハードディスクに障害が発生した、ということを考えましょう。MTTRは、「ハードディスクに障害が発生してから、そのハードディスクを修理するなり、代替品に取り換えるなりして、バックアップからデータをリストアし、再びハードディスクとしての機能が復旧するまでの時間」を指します。一方MTRSは、「ハードディスクに格納されているデータを用いるITサービスが停止してから、そのITサービスが回復して再び提供を開始するまでの時間」を指します。そのとき「ITサービスの回復」とは、実際にITサービスの再提供が始まった瞬間を指すのではなく、ユーザがITサービスの再提供を認識した瞬間を指すのです。ということは、MTTRよりもMTRSのほうがわず

かに長いことになり、なおかつMTRSのほうがよりユーザ寄りで現実的な指標である、と言えるのです。

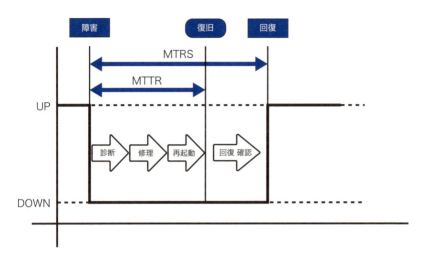

MTTR と MTRS は、その意味合いがわずかに異なる

さて、たとえば6時から25時までの19時間の間に、

(1) システム停止が1回発生し、1時間停止した

場合と、

(2) システム停止は合計60回発生し、それぞれ1分間停止した

場合とでは、計算上の可用性は同じですが、信頼性の面でいうと（1）のほうが高いことになり、保守性の面でいうと（2）のほうが高いことになります。かけられるコストには限界がありますから、顧客の事業と、顧客がITサービスに望む可用性とを考慮して、（1）を目指すのか、（2）を目指すのか、それとも両方のバランスを取るのか、決めていくことになります。

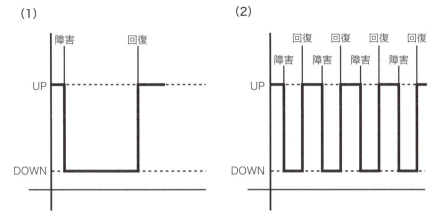

上の2つの事例においてアップタイムが等しければ両方の可用性レベルは同じである

『アポロ13』における事例

ではここで、映画『アポロ13』において、先ほど説明した信頼性と保守性に関する考察をしてみましょう。

打ち上げまで後2日、というときになって、ケン・マッティングリーが風疹に感染しているかもしれない、という事態が発覚します。このまま打ち上げを決行すれば、アポロ13号が宇宙を飛行している間に、しかも司令船と月着陸船とがドッキングをするタイミングで発症し、任務を遂行することが難しくなるかもしれません。これは、(ドライな言い方ですが)ケン・マッティングリーという「部品」の信頼性が低下している、ということにほかなりません。そこでNASAの上層部は、ケン・マッティングリーをバックアップ・クルーのジャック・スワイガートと交代させることを指示します。しかし、日ごろの会話における言葉のニュアンスや作業の癖などを十分に知り合うほどのチームワークを築き上げている(それほどのチームワークでないと小さな失敗も許されない完璧なオペレーションを遂行できないともいえる)ジム・ラヴェルとしては、その決定に抵抗します。メンバ1名の交代は、彼らにとっても大きな不安材料です。しかも、ケンは風疹を発症したわけではなく、「発症の可能性がある」というだけで交代させられようとしているのです。しかし、信頼性低下の可能性

を突き付けられたジム・ラヴェルに選択肢はありません。結局、ケン・マッティングリーをジャック・スワイガートと入れ替える決定を承諾することになります。しかも、それを「僕の決定だ」と言ってケン・マッティングリーに伝えなければならなかったジム・ラヴェル。その厳しい立場にあったジムの胸中は、計り知れません。

交代を告げられた2人の宇宙飛行士

　一方、メイン・クルーとは別にバックアップ・クルーが準備されていたという事実は、彼らの保守性を高めるための施策だった、と考えられます。アポロ計画は、地球や月の軌道、天候、ベトナム戦争や選挙といった社会情勢など、さまざまな条件の中で打ち上げスケジュールが決定しています。そう簡単にスケジュールの変更はできません。風疹発症の疑いがある宇宙飛行士1名を交代させるため、これから新しい司令船操縦士を訓練する必要があるから打ち上げが半年遅れる、というようなわけにはいかないのです。メイン・クルーの身に何かあってもすぐに回復できるようバックアップ・クルーを準備していたからこそ、スケジュールどおりロケットを打ち上げることができたのです。

　これは、宇宙飛行士を冗長化していたことになりますね。しかもメイン・クルーとバックアップ・クルーは、まったく同じ機材を使って、同じ内容の訓練を同じスケジュールで実行していました。国家威信をかけた巨大事業でありな

がら、失敗は許されないリスクの高い事業であったアポロ計画。冗長化に対する予算化は比較的容易であったと考えられます。

　ところで、すでに考察したとおり、アポロ計画にはSLAはなかったと考えるのが妥当です。しかし、仮にSLAが存在しなかったとしても、可用性についての議論や何らかの共通の認識はあったのでしょう。ほぼすべてが新しいことへの挑戦であり、多くの新しい技術やアイデアを採用していましたので、当然不具合も多く、1つ1つのコンポーネントの可用性は低いと想定されていたと考えられます。そのため、多くの部分、人、プロセス、テクノロジで冗長化が図られています。たとえば映画では巧みに省略されていますが、地上の管制センターで働くクルーは、ジーン・クランツを筆頭とするチームを含め、実は4チーム存在していました。彼らは8時間単位で交代で実務に当たっていました。3チームではなく4チーム存在したのも、一種の冗長化であると考えられます。

　筆者は、それでも彼らは可用性（この場合は宇宙飛行士が無事に帰還する可能性）が100%ではない、と認識していたと推測します。当然顧客であるアメリカ大統領側では、万一の事態を複数想定して対策を立てていたのではないでしょうか。アポロ計画に万が一のことがあった場合、国民に対するコミュニケーションの方法、資本主義同盟国に対する対応、共産主義国のネガティブな反応に対する対応、さらにはベトナム戦争の作戦変更など、考えなければならない影響は無数にあります。しかし、それらの対応に関する対策を立てていたからといって、宇宙飛行士が死んでしまってよい、ということではありませんね。ですからNASAのチームは、文字どおり必死になってさまざまな可用性向上のための対策を立てていたと考えられます。

　この必死さ加減は人命が直接関係するからですが、ここはITSMを考えるときと、アポロ計画を考えるときの大きな違いと言えそうです（もっとも、最近はITサービスマネジメントが人命に関係する場合もあるでしょうが）。一般企業の場合は、そこまで過剰な冗長化は期待できません。余剰人員を抱えることもできません。インフルエンザや風疹などでオペレーションに欠員が発生した

場合は、残された要員でカバーし合うしかないのが現状です。カバーし合える ことが可能ならよいのですが、インフルエンザが流行し、同時に複数名の欠員 が出ると、厳しい状況に追い込まれます。

したがって、一般企業では、余剰人員を抱える代わりに、テクノロジの標準 化や簡素化、プロセスの標準化やナレッジデータベース活用などを実施すると 共に、属人化[1]の排除にも日ごろから取り組んでおく必要があります。いかに して可用性を高めるか…。そのやり方は、冗長化だけではないはずです。

Column

「可用性は顧客（ユーザ）満足度の核である」まったく、その通りだと 思います。使いたい、必要とするサービスが、必要なときにいつも使え ることは非常に大切な価値（有用性と保障）だと思います。したがって、 KPIを設定するにあたって、可用性は必須の計測項目です。

しかし、現実的には可用性の数値は小数点以下2桁くらいのところの 話になります。24時間、365日（8760時間）稼働するシステムにおいて、 1時間サービスが停止した場合の稼働率はおよそ99.99％。一方、倍の2 時間停止した場合の稼働率はおよそ99.98％です。停止時間は倍なのに、 稼働率で表すと0.01％の違いです。この0.01％をどう改善するか？ これではなかなか改善のためのアクションプランは策定しづらいでしょ うし、そのためのコストも正当化しづらいでしょう。

そこで筆者は、ITSMの責任者だった頃に「クオリティデイ」という KPIを使ってみました。これは、1日の内のSLAサービス提供時間内で、 ほんの少しでも不具合が発生してサービス提供に支障をきたしたら、そ

---

1. 属人化とは、会社などで業務のやり方を特定の担当者のみが知っている状態のこと。その特定の担当者が不在にな ると、その業務に支障が出てしまう場合があります。

の日1日はクオリティデイではない、ノン・クオリティデイとする、という計測のやりかたです。1日まったく滞りなくサービスが提供できればクオリティデイです。また、計測の単位も1ヶ月単位とします。この計測方法ですと、ノン・クオリティデイが1日でもあれば、1か月30日として約97％になってしまいます。2日で約93％です。不具合が発生した場合のインパクトがとてもわかりやすくなります。そして、何日クオリティデイを続けることができるのか、というKPIも設定できます。最初は30日を目標とし、徐々に改善を重ね日数を延ばして50日、100日と目標を達成させることで、IT要員のモチベーションも非常に高まるというわけです。

　可用性の数値改善にあまりピンと来ない、可用性改善のKPIをどう設定していいかわからない、という方。クオリティデイを使ってみることをお勧めします。

CHAPTER
11

「問題は電力だ。電力がすべて」

Gene, we've got to talk about power.
Guys! Power is everything!

キャパシティ管理

性能と容量のことをキャパシティと言います。
キャパシティが小さければ、
顧客やユーザを不安にしてしまいますし、
逆に大きければ大きいほどよい、
というわけでもありません。
真の顧客満足には、
キャパシティ計画が必要不可欠です。

Scene Time → 1:15'06"−

「じゃあ君たちの計算では、残りは45時間だってのか？」

"45hrs" とわざわざ黒板に書きながら、ジーン・クランツが毒づく。今は、3人の宇宙飛行士をどうやって地球に帰還させるか、その方法を議論している会議の真っ最中である。

　どういう理論で45時間という数字が計算されたのか、映像の中では知ることができない。しかし、ジーン・クランツも、そのことはどうでもいいのだろう。地球に帰還するには、少なくとも72時間は必要である。45時間では、あまりにも足りなさすぎる。ジーンは、ちょうど月の裏側あたりにいるはずの宇宙船の現在地を途中まで伸ばしてみせた。

「ここまでしか来られない」

　この位置と、地球上の着水予定地を交互に指して、そのギャップを強調するジーン。

「それじゃだめだ」

　駄目って言ったって…。周りがいっせいに騒ぎ始める。地上スタッフの憤りが、ここで一気に噴出したようだ。今まで静かだった会議室が突然騒然となった。駄目なのは、全員わかっている。こんなはずじゃなかったんだ。駄目と言われても仕方がない。宇宙船内の乗組員の生命維持は、そこまでが限界なのだ。

　会議室がまるで動物園のような騒ぎになったことをきっかけに、今まで会議室の一番奥で黙って座っていた1人の若者が、突然大きな声で叫びだした。

「ジーン！ジーン！　問題は電力です。ちょっと、みんな聞いて！」

　その声の大きさに、みんなが驚いた。ジーン・クランツをファーストネームで呼ぶのは、彼と同等の地位にいるか、または彼と親しい間柄にある人間に限られる。彼の名前はジョン・アーロン。彼は、アポロ13号が事故に見舞われてから、ジーン・クランツの要請でスタッフの1人に抜擢されたメンバの1人である。ジョンの専門は電力なのだが、一方非常に勉強熱心で、自分

CHAPTER

11

キャパシティ管理

の担当以外のことも色々なところに首を突っ込み、勉強していた。そのことをジーン・クランツに気に入られ、26歳の若さで事故対策チームの一員になったのだ。

　おい、みんな聞いてやれ、と誰かが言い、みんなが静まり返った。ジョンが続ける。
　「問題は電力だ。電力がすべて」

「電気を切りましょう」と提案するジョン・アーロン

　その声に、ジーン・クランツが興味を持つ。彼はひょっとしたら、この事態を打開する策を持っているのかもしれない。
　「というと？」
　ジーンが尋ねる。それに答えるジョン。
　「それが尽きたら、交信も、軌道修正も、何もできなくなってしまう。ね、電気を切りましょう。でないと、再突入は無理です」

　「何を切るんだ？」
　ジョンの提案に、何か起死回生のアイデアがあるかもしれない。ジーンは期待しながらジョンの話を待つ。しかし、ジョンが続けたのは、ジーンの期待を軽く裏切るものだった。

「着陸船は60アンペア使ってます。これだと45時間どころか、16時間で
アウトだ。12アンペアまで落とさないと駄目です」

　ジョンの提案はしごく単純なものだ。この時点で、着陸船のバッテリーに
残された電荷は、およそ960アンペア時。たとえば60アンペアの電流を1
時間流すと、60アンペア時の電荷を「消費」することになる。しがって、電
荷は960アンペア時÷60アンペア＝16時間しかもたない、というわけであ
る。アポロ13号を無事地球に帰還させるためには、最低でも72時間は電力
をもたせる必要がある。仮に余裕をもって80時間、と計算すると、1時間あ
たりに使える電力は960アンペア時÷80時間＝12アンペアとなる。実際に
はもっと複雑な計算、たとえば積分を使う必要があるのだが、簡単に表せば
そういうことである。逆に、これ以上電力を使い続けると、間違いなくアポ
ロ13号は地球にたどり着く前にすべての電力を使い果たしてしまい、宇宙空
間にただよう棺桶と化してしまうだろう。

　しかし、本当に12アンペアまで電力を落とすことができるのか？　それこ
そ、非現実的ではないのか？　会議室にいた全員がいっせいに異を唱える。
それじゃ掃除機も動かせないぞ、と。
　異を唱える連中には、もっと強く出る必要がある。ジョンは語気を強めて
言った。

「だから全部切るんだよ！レーダーもヒーターも、表示メーターも誘導コン
ピュータも全部切るんだって、それしか方法がないんだ」

「おい、誘導コンピュータは困るよ。また噴射が必要になっても向きがわか
らない」

　横から口を挟んだのは、燃料を担当している責任者である。もちろん、彼
の意見にも一理ある。宇宙飛行の歴史の中で、誘導コンピュータなしで軌道
修正を行うなんて離れ業、やったことがない。しかし、ジョンの態度は変わ
らない。どんな理由があるにせよ、とにかく月着陸船の電力を大気圏突入の

直前まで持たさなければ意味がないのだ。

「我々がこうして話している間も、電力はどんどん干上がっていくんですよ」

さらにジーンに進言するジョン。ジーンは一瞬考えた後、

「ほかに手は？」

とジョンに尋ねた。ジョンは

「ありません」

と即答する。この即答で、ジーンは腹をくくったようだ。代案がない、と即答するぐらいなのだから、ジョンはきっと本当に色々なことを考えたのだろう。12アンペア、という具体的な数字にも説得力がある。数秒の後、ジーンはジョンに向かってこう言った。

「わかった。噴射が済んだら、電源を切ろう」

ジョンは、実際にどの装置の電源を切ることができるか、何を切ったらどの程度の電力節約になるのかを計算するため、「了解」と一言だけ言い残して部屋を後にした。

キャパシティとは

　しなければならない仕事に追われたとき、「頭のキャパがオーバーした」というような表現を使う場合があります。英語のキャパシティ（Capacity）には、（容器などの）容量、（生産できる）能力、といった意味がありますが、ITサービスを滞りなく提供し続けるためには、キャパシティ設計はまさに必須であると言えるでしょう。

　ITSMでは、能力というとITサービス・プロバイダが保有する能力のことを言います。ですから、ここではキャパシティを「容量」と「性能」と言うふうに定義することにしましょう。

➡ 容量

　ITサービスが同時に保有することのできる分量のことです。たとえば事業の立場では、ショッピングサイトのサービスが最大何件の商品を管理できるか、最大何人の会員を登録できるか、1回の注文で最大何点までショッピングカートに入れられるか、といったことや、技術の立場では、ハードディスクの容量、サーバの搭載メモリ、データベース・システムが保有できる最大データ数、などがこれに当たります。

➡ 性能

　ITサービスの生産性のことです。たとえば事業の立場では、1秒間に何件の注文をさばくことができるか、1つの注文を何秒以内に処理できるか、といったことや、技術の立場では、CPUの処理能力、ネットワークの帯域幅、データベースの処理スピード、などがこれに当たります。

キャパシティ管理とは

　顧客やユーザがITサービスを快適に利用し続けるためには、このキャパシ

ティを適切に管理することが不可欠です。ITサービスが持つキャパシティを適切に管理すると共に、事業に必要なキャパシティを計画し、必要であればIT環境に変更を加えて、ITサービスの快適な利用を保証する必要があります。そのためのプロセスが、キャパシティ管理です。

以前、こんなことがありました。ある携帯電話会社において、利用者待望の新しいスマートフォンが発売されたときのことです。発売開始当日、携帯電話の売り場には長蛇の列ができました。そのスマートフォンをいち早く手に入れようと注文が殺到し、ついに携帯電話会社の注文受付サービスがパンクして、機能が停止してしまったのです。注文受付サービスのキャパシティが、実際の注文量をさばききれなかったわけですね。結局サービスを使った注文が一切できなくなり、販売店では顧客に注文を受け付けた旨の紙を渡して、これで必ず買えるから、後日あらためて来店してくれ、と謝りながら対応していたことを覚えています（実は筆者もその長蛇の列に並んだクチです）。このように、ITインフラストラクチャのリソースが足りなくなってサービスが中断し、事業が継続できなかったり、消費者の満足度が低下したりすることによるダメージは大きいと言えます。キャパシティ管理は、まさに事業を成功に導くための成功要因そのものなのです。

キャパシティ管理にとって重要なのは、現在から将来にわたって存在する事業ニーズに確実に応えることのできるキャパシティを、適切なコストで計画し、実装することです。そのためには、常にコストとキャパシティのバランス、需要と供給のバランスを視野にいれた計画を立てていかなければなりません。コ

ストをケチってキャパシティ不足になってはいけませんし、需要を超えるキャパシティを用意しても、それはコストの無駄遣いに過ぎないかもしれません。

キャパシティ管理の3要素

キャパシティ管理には、3つの要素があります。

⦿ 事業キャパシティ管理

　顧客が保有している事業が、現在から将来にわたって必要とするキャパシティを計画することです。主要な情報源は顧客の事業計画です。その事業が現在どの程度のキャパシティを必要としているのか、1年後、3年後、5年後はどの程度成長（あるいは縮小）すると計画・推測しているのか、ということを基に、事業が欲するキャパシティを明らかにしていきます。

　事業キャパシティ管理は、顧客の事業の言葉で記述します。事業キャパシティ管理にIT用語は登場しません。

⦿ サービスキャパシティ管理

　顧客が利用するITサービスに求められるキャパシティを評価し、実際にITサービスに搭載すべきキャパシティを計画することです。ショッピングサイトのサービスが1秒間に何件の注文をさばけるか、電子メール送信サービスが1秒間に何件の電子メールを送れるか、メールボックスに何メガバイトの電子メールを貯めておけるか、といったようなことを計画します。前述の事業キャパシティ管理の成果が主な情報源になります。ITサービスに求められるキャパシティは、最終的にSLAに記載されることになるでしょう。また、ITサービスが保有するキャパシティが、実際にSLAを遵守しているかどうかを測定することもこの中に含まれます。ITサービスのキャパシティがSLAを遵守するに至らない場合は、必要に応じてキャパシティを改善するための措置が取られることになります。

⊙ コンポーネントキャパシティ管理

　個々のITインフラストラクチャやアプリケーションが持つキャパシティを計画することです。CPUの性能、メモリ容量、ハードディスク容量、アプリケーションの効率、といったようなことが盛り込まれ、具体的なIT寄りのキャパシティ計画を立てていくことになります。主な情報源は、前述のサービスキャパシティ管理です。

　1つのITインフラストラクチャが複数のITサービスを提供している場合もありますし、逆に1つのITサービスが複数のITインフラストラクチャによって構成されているという場合もありますので、コンポーネントキャパシティ管理は、サービスキャパシティ管理とは完全に区別して考えます。

需要管理

　すべてのITサービスが常にキャパシティのピークに達している、ということはあり得ません。顧客の事業には、必ず繁忙期（いわゆる「需要の山」）と閑散期（いわゆる「需要の谷」）があります。需要が多ければより多くのキャパシティを必要としますし、逆に需要が少なければ用意するキャパシティは少量でよいでしょう。顧客の事業が必要とするキャパシティを正しく把握し、必要なサービスキャパシティ、コンポーネントキャパシティを計画する必要があります。

　とはいえ、需要のピークに合わせてキャパシティ計画を立てると、ピーク時以外にはそのITサービスの性能は無駄になってしまいます。使われなかったキャパシティを溜めておいてピーク時に使う、ということができないのが悩ましいところです。製品だったら、閑散期に作りすぎた製品は（消費期限や旬などの外的要因がない限り）繁忙期まで在庫として溜めておけるのですが、サービスの場合はそうはいきません。逆に、平均的な需要量に合わせてキャパシティ計画を立ててしまうと、ピーク時のサービスレベルを確保することが難しくなります。それこそ、サービスを提供しているサーバがパンクするというような事態になったら、顧客やユーザの満足度は大いに下がることでしょう。

キャパシティ計画を立てるためには、綿密で正確な需要予測が必要です。それに加えて、需要の平準化（いわゆる「需要の山崩し」）を考える必要が出てくるのです。たとえば、あるサービスは午前中の10時から12時に需要のピークを迎え、午後の14時から16時にはほとんど使われていない、というような場合は、いかにして午前中の需要を午後に移動させ（需要を平準化し）、キャパシティの無駄やキャパシティ不足を解消するか、ということを考える必要があるわけです。

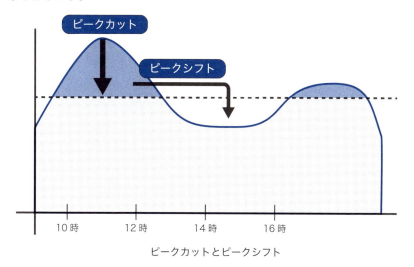

ピークカットとピークシフト

需要の平準化には、次のとおり、大きく2つの方法があります。

● 物理的制限

何らかの制限を強制的にかけて、キャパシティを平準化することです。たとえば、ネットワークの世界のQoS技術では、音声通信やビデオ会議システムなどの遅延が望ましくないデータの優先度を上げ、その一方でファイルコピーやメール送受信などの通常のデータ通信の優先度を下げることによって、ネットワーク・キャパシティの調整を行います。別の例では、同時利用者数を制限し、その制限を超えて接続しようとする利用者に対してお詫びのメッセージを表示して対応するといった仕組みを整え、サービスやそのサービスを提供しているサーバに一定以上の負荷がかからないようにする、というのもあります。

ひと昔前、テレフォン・ショッピングが盛んだった時代には、最初の1時間は発信者番号の下1桁が奇数の人だけ電話をかけられて、次の1時間は発信者番号の下1桁が偶数の人だけ電話をかけられる、というような物理的制限をかけていたことがありました。

物理的制限を加えると、確実に需要を平準化できます。しかしその一方で、顧客やユーザの満足度が下がる可能性が否定できません。物理的制限は細心の注意を払って行う必要があります。

⊙ 財務的制限（格差課金）

ピーク時とそうでないときとの課金単価を変えることで需要管理をする考え方です。ピーク時は課金単価を高く設定し、そうでないときの課金単価を安く設定することで、ITサービスの使用量をコントロールし、需要を平準化しよう、とする試みです。

たとえば筆者が住む関西圏のJR（JR西日本）では、「昼間特割きっぷ（通称『昼特きっぷ』）」なるものを販売しています。平日は10時から17時まで、及び土・日・祝は終日使える、お得な回数券です。通常大阪駅から京都駅までの片道運賃は560円ですが、この昼特きっぷを使うと350円で移動できます（2016年8月現在）。通勤ラッシュ、帰宅ラッシュとなる時間帯を避け、比較的すいている昼間に利用してもらおうという、格差課金による需要平準化の非常にわかりやすい例です。

あるいは、基本サービスと高度なサービスとの間に課金の格差を設け、より高度なサービスを利用するためには追加料金が必要である、というような仕組みも一種の格差課金です。たとえば、インターネットのストレージ・サービスを個人で利用する場合は月額300円ですが、1つのストレージを複数人で共有できるように利用する場合は5人まで月額1,000円だ、というような価格設定をします。ストレージの最大容量は同じなのに、利用者が増えるような使い方をする場合は価格が高くなる、という価格設定です。割高感を感じさせないため、金額を利用者数で割った1人あたりの月額料金は安い、という見せ方をすることが多いのも特徴です。この考え方はまさに、ITを機能として捉えるのではなく、サービスとして捉える考え方であると言えるでしょう。

『アポロ13』における事例

　ではここで、映画『アポロ13』におけるキャパシティ問題について考察をしてみましょう。

　酸素タンクが爆発した後のアポロ13号は、月の軌道を廻って地球に帰還することになりました。しかし、それでは地球に帰り着くのに4日もかかってしまいます。これは支援船のエンジンを使わないようするための措置でしたが、同時にさまざまな問題も生み出しました。その中でも最大の問題は、酸素不足と電力不足です。

　酸素には2つの用途があります。1つは宇宙飛行士の呼吸用、そしてもう1つは燃料電池用です。当時はまだ太陽電池が実用化されていませんでした。宇宙船を月まで送って戻すほどの電力を生み出すには、水素と酸素の化学反応によって電力を生み出す燃料電池が必要不可欠でした。当初、支援船には2つの酸素タンクが搭載されていました。しかしそのうちの一方、2号酸素タンクが爆発したことで、2号タンクの酸素を一瞬にして失い、1号タンクの酸素も徐々に… そしてやがて、ほぼ完全に失ってしまいます。司令船の酸素はあと15分でなくなる、という危機的状況にまで陥りました。

　しかし、この酸素不足は月着陸船が起動できたことで一応の解決をみます。月着陸船には、潤沢な酸素が搭載されていました。これは、月着陸船の用途と関係していました。月着陸船が月に着陸した後、2名の宇宙飛行士は、宇宙服を着て月に降り立つことになっています。このとき、月に降り立つために月着陸船のハッチを開けたら、中の酸素が一瞬にして宇宙空間に放出されてしまいます。月面での実験が終わった後、宇宙飛行士が月着陸船に戻ってからハッチを閉めたら、あらためて月着陸船の内部を新たな酸素で満たしてから、宇宙服を脱ぎます。このような運用を想定していたため、月着陸船はわずか2日間しか稼働させないにもかかわらず、十分な酸素を用意していたのです。

　もう1つの大きな問題は、電力不足でした。酸素不足が直接の原因で、燃料電池を継続的に稼働させることができなかったため、司令船は途中で完全に電

力を失います。司令船には大気圏再突入用の予備バッテリーが搭載されていますが、これはまさに大気圏再突入の際に必要なので、使えません。3人の宇宙飛行士は、やむなく月着陸船に避難します。

　しかし、月着陸船の電力も十分とは言えませんでした。前述のとおり、月着陸船は2日間の稼働を想定していたため、そんなに大きなバッテリーは搭載されていなかったのです。月の裏側を廻っていよいよ宇宙船が帰路についた頃には、月着陸船のバッテリーに残された電力はあとわずかでした。

　この電力不足に注目し、ジーン・クランツに提言したのがジョン・アーロンです。彼はもともと違うチームにいましたが、アポロ13号の酸素タンクが爆発した後で、ジーン・クランツのチームに引き抜かれました。ジーンの信頼が厚かったからですが、エピソード中にも書いたとおり、このときのジョンは若干26歳。チームの中では最も若い部類に入ります。ジョンは電力不足を補うワークアラウンドとして、月着陸船に搭載されている暖房、誘導コンピュータ、レーダー、照明など、ありとあらゆる「電気を使うもの」を止めて、電力を節約することを提案しました。

　余談ですが、「12アンペアじゃ掃除機も動かせない」というのは、当時を物語っていますね。2016年現在、日本国内の主要な電機メーカーの掃除機の消費電力は、およそ300ワット～1,100ワット（およそ3アンペア～11アンペア）です。掃除機史上最も多くのごみを吸い取ると評判の、イギリスに本社のある掃除機メーカーの掃除機でも、消費電力は1,150ワット（およそ12アンペア）です（本来は力率なるものを計算しなければなりませんが、ここは目をつぶってください）。ということは、現在の掃除機は、12アンペアで十分動作するわけです。当時の掃除機が、どれだけ電力を食っていたかがわかります。

　ジョンは、誘導コンピュータの電源すら切って、電力を節約しようとしました。そこまで逼迫していた、ということです。一方、地上との交信をするための設備や、ロケットの推進力に関わる部分などの電源は切っていません。何を切り、何を切ってはいけないか、ということは、地上のシミュレータを使ってさんざんテストされたことでしょう。

このようなインシデントを想定して酸素タンクや水素タンク、燃料電池の容量増加や冗長化などがなされていれば、このような深刻な電力不足は発生していなかったかもしれません。一方、過剰なキャパシティを用意すれば、そのコストは高くなります。宇宙船全体の重量も増えてしまい、更に巨大な打ち上げ用ロケットが必要になってしまいます。

キャパシティ管理は、正しいキャパシティを正しいタイミングで正しいコストで提供する必要があるのです。基本的なことですが、極めて重要です。

さて、先ほどキャパシティ管理には3つの要素がある、と説明しました。

- **事業キャパシティ管理**
- **サービスキャパシティ管理**
- **コンポーネントキャパシティ管理**

の3つです。映画『アポロ13』から、これらの3つの要素を整理してみましょう。

まずは事業キャパシティからです。

たとえば、将来のアポロ計画の発展性や、更なる新規計画を見越して、電力のキャパシティやその燃料となる酸素と水素の搭載量が計画されていたでしょうか。残念ながら、映画を観ているだけではわかりません。ただし、司令船や支援船、月着陸船を打ち上げて月の軌道まで運ぶ、ということを考えてすべてが設計されているのは確かです。そのための巨大なロケット（サターンV型ロケット）も開発されています。また、ロケットエンジンも5基搭載されており、1台が故障してもなお飛行が可能なようにキャパシティに余裕が作られていました。アポロ17号までサターンV型ロケットを使い続けたことを考えると、少なくともロケットのキャパシティは十分なものであり、そのキャパシティに耐えるよう司令船や支援船、月着陸船などが設計されていたと考えることができます。

ビジネスの観点でも同様です。短期的かつ長期的なビジネス計画や方向性に

基づいて、ITサービスのキャパシティを設計する必要があります。せっかくITサービスを構築しても、近い将来にビジネス規模が大きくなってITサービスのキャパシティが足りなくなってしまっては、無駄な拡張作業が必要になってしまいます。かといって、将来のビジネス拡張が見込めないのに大きなキャパシティを備えたITサービスを構築すれば、そのコストと日々のサポートに必要な工数が無駄に増えてしまいます。

　次に、サービスキャパシティです。
　アポロ13号の飛行中に、アポロ13号のサービスとしてキャパシティが計画どおりに提供できていたでしょうか。また、そのキャパシティを常に管理できていたでしょうか。映画を観ている限り、これは十分にできていますね（少なくとも酸素タンクが爆発するまでは）。たとえばサターンV型ロケットのサービスは「宇宙船を大気圏外に放出する」というものですが、そのサービスを実施するための仕組みや、サービスが実施できているかどうかのモニタリングなどが適切に行われています。5基あるエンジンのうちの1基が停止してしまっても、残りの4基が正常であれば問題ない、という判断を下すことができたのも、サービスに対する適切な計画とモニタリングができていたからこそです。
　一般のITオペレーションではあまり強く意識していないものの、多くのIT部門でこれらのモニタリングは実質的に実施しているのではないでしょうか。

　最後に、コンポーネントキャパシティです。
　アポロ13号の中では、宇宙船を飛行させるために必要なテクノロジに関するキャパシティ計画やモニタリングを行っています。ロケットの推進力や燃料の残量、酸素や水素、電力、宇宙飛行士の心拍数など、常に担当者がモニタリングして少しでも異常やキャパシティ不足があればすぐに対応しています。また、酸素タンクが爆発した後でも、宇宙飛行士の心拍数や二酸化炭素の量、電力の残量などのキャパシティは最低限のものが確保され、またモニタリングされています。

　一般のITサービスマネジメントでも、同様に3つのキャパシティ管理を段階的に行っていく必要があります。とはいえ、最近の加速するテクノロジの進化

によって、キャパシティの考え方が徐々に変わってきていることは確かです。サーバの仮想化、ストレージの実容量と論理的な容量との分離、クラウドサービスの拡張性の高さと俊敏な対応能力など、キャパシティ管理に対しては多様な考え方や実行方法が存在するようになってきています。これらも考慮しつつ、柔軟なキャパシティ管理の実施をあらためて計画する必要があります。

映画に見られる、その他のエピソード

　さて、酸素タンクが爆発してから後、アポロ13号にはどのようなキャパシティの問題が発生していたでしょうか。酸素と電力以外のキャパシティの問題について、考えてみましょう。

　大きなイベントとしては、二酸化炭素の浄化能力が挙げられます。本来、月着陸船は乗員2名で設計されていたため、3名が吐き出す二酸化炭素を浄化装置が十分に浄化できませんでした。これは、二酸化炭素浄化装置のキャパシティが不足していたことを表します。

　次に、水の問題が考えられます。本来水は、燃料電池が水素と酸素の化学反応によって電気を生み出す際の副産物として生産されるはずでした。しかし燃料電池を失ってからは、その生産量が激減しました。3人は、飲用の水を極限まで制限しなければならなくなりました。

　それから、エンジンの推進力、というキャパシティも問題になったでしょう。本来は、支援船に搭載されているエンジンを使って周回軌道に乗せたり、軌道を修正したり、周回軌道から離れたりするはずでした。しかし支援船が爆発によって損傷を受けてからは、月着陸船に搭載されている小さな降下用エンジンでそれらを行わなければならなくなりました。「着陸船は着陸用です。軌道修正の噴射は想定していません」というグラマン社のエンジニアのセリフが象徴的です。

　さらに、映画の中では誘導コンピュータを失ったアポロ13号に対して「これ以上何も船外に廃棄するな。反動でコースをはずれる恐れがある」と指示しています。ゴミ捨て禁止、です。これを受けてジム・ラヴェルは、「小便袋を

用意しておいてくれ」と言っています。廃棄物処理用袋のキャパシティは、大変な問題になったに違いありません。

　変わったところでは、3人の宇宙飛行士の判断力、というキャパシティ（性能）も危機的な状況にさらされていたでしょう。フレッド・ヘイズとジャック・スワイガードが言い争いをするシーンは、映画ならではの演出で史実ではないそうです。しかし、判断力が鈍り、精神力も限界に達していた状態では、揉め事が発生してもおかしくなかったでしょう。最後まで諦めず、地球に帰還するまで正常な判断力を保っていた3人の宇宙飛行士の強靭な体力と精神力には驚愕します。

　このように、アポロ13号ではさまざまなキャパシティの問題が発生していました。それを1つずつ解決し、最終的に宇宙船にあるものだけで無事に帰還を成功させました。彼らのキャパシティに対するモニタリング能力や調整能力は、群を抜いていたと考えられます。

Column

　途中でご紹介した、携帯電話会社の注文受付サービスがパンクしたときの話には続きがあります。

　半年後、注文受付サービスを停止させた大人気スマートフォンの後継機種が発売になりました。この携帯電話会社は、このときも注文受付サービスをパンクさせてしまったのです。前回同様、このスマートフォンを求める人が販売店に殺到し、注文受付量が受付サービスのキャパシティをオーバーしたからでした。

　このようなことがあって数日後、筆者は友人とこのことを話題にしました。「あの携帯電話会社、前回の教訓を全然活かしてないな」と筆者が言うと、友人は「いやいや、注文受付サービスのキャパシティ不足は自社の事業に何ら影響を与えない、と学習したからこそ、あえてキャパシティ増強をしなかったんじゃないのか」と言ったのです。これはあくまでも友人の推測であり、事実かどうかはわかりません。しかし、筆者はこの友人の言葉にハッとしました。おそらくそのとおりに違いない、と考えたからです。

　確かにそうです。半年前の大混乱の後も、このスマートフォンは売れ続けました。そして半年後、後継機種が発売になったときも、半年前と同じようなお祭り騒ぎになったのです。注文受付サービスのパンクは、一時的に顧客満足度を下げたでしょうが、それは一過性のものです。半年に一度のお祭り騒ぎのために注文受付サービスのキャパシティを増強するコストに正当性はありません。この当時、この携帯電話会社は、ほかにもコストをかけるべきことが山のようにありました（アンテナを立ててつながりやすくする、携帯電話会社のブランドイメージを高める、新製品や新しいサービスを開発する、など）。そちらに多額の投資をすべきであって、注文受付サービスに投資する必要はないはずです。

　キャパシティ計画は、常に事業がどの程度のキャパシティを求めるか、にかかっているのです。

CHAPTER
12

「トラブルが発生した」

Houston,
we have a problem.

ITサービス継続性管理

可用性と継続性の違いをご存じですか？
可用性レベルが低くても継続性レベルが低くても、
顧客やユーザは満足してくれないでしょう。
一方、可用性レベルを高めるための活動と、
継続性レベルを高めるための活動は、
とてもよく似ていますが、少し違います。

Scene Time ➔ **0:49'48"-**

「このあたりで1つ、雑用を頼もうかなぁ。右方向に060ロールしてくれ。回転を止めよう」

ヒューストンの管制センターからの指示が、アポロ13号に伝えらえる。アポロ13号が地球を飛び立ってから3日目。すでに地球からは32万キロ離れた位置にあり、まもなく月の引力圏に入ろうとしていた。

宇宙船は太陽光線を直接浴びながら飛行している。宇宙船の一方向だけに太陽光線を浴びながら飛行を続けると何かとまずいことが起きるため、宇宙船は「太陽光線をまんべんなく浴びるよう」ゆっくりと回転しながら飛行している。まるで、肉の塊をたき火の火で焼いているときのようだ。一方、軌道修正などでロケットを噴射する必要があるときは、その回転を止めてから行う。

「了解。右にロール、060」

司令船操縦士であるジャック・スワイガートがそれに答え、操作を行う。

「それからついでに、酸素タンクを攪拌してくれ」

管制センターの指示は続く。酸素タンクの中には、超極低温に冷やされ、液体化した酸素が格納されている。酸素タンクの中の状態を示すセンサーは、時々酸素タンクの中を攪拌してやらないと、正常な値を示さなくなることがある。そのため酸素タンクには、中の液体酸素を攪拌する装置が取り付けられているのである。これは、水素タンクも同様である。

「了解」

ジャック・スワイガートが返事をする。ちょうどそのとき、管制センターの電力と船内環境の責任者であるサイ・リーバゴットが、ディスプレイに表示されている目盛りをよく見ようと、顔を画面に近づけた。

ジャック・スワイガートが酸素タンクの攪拌スイッチを操作した。スイッチを順番に操作する。まずは1号酸素タンク。そして2号。

CHAPTER

12

ITサービス継続性管理

173

実際には、どのようなことが起きたのか、誰も知ることはできない。しかし、この撹拌がきっかけで、間違いなく「何か」が起きた。

　バーン。

　乾いた爆発音と衝撃が、3人の宇宙飛行士を襲う。まるで、宇宙船を外から大きなハンマーでガーンと叩かれたかのようだ。それと同時に、司令船の中で警告音が鳴り響く。

「トラブル発生」

　MASTER　ALARM　と書かれた赤い警告ランプが点灯する。そのランプの赤で顔を染めながら、ジャック・スワイガートがそれでも平静を保ちつつ、事態を管制センターに告げる。ジャックはただ、反射的に… 訓練のときもそうしていたように… トラブルが発生したことを告げただけだった。当のジャックも、何が起こったのかさっぱり把握していない。
「何をした？」
　月着陸船から司令船に戻ってきたジム・ラヴェルが、ジャック・スワイガートに尋ねる。
「タンクの撹拌さ」
　何も悪いことはしていない。言われたとおり、タンクの撹拌をしただけだ。ジャック・スワイガートは、いいわけでもするかのように短く答えた。

　爆発音は、確かに管制センターにも聞こえていた。しかし、この時点で、ことの重大さに気づいたスタッフは誰もいなかった。確かなことは、宇宙船の状態をモニタリングしている数値が乱れていることだけだ。
「なんだ？」「おい！？」
　管制センターのスタッフが、数値の乱れに驚き、つぶやく。
　管制センターの通信担当であるジャック・ルースマが、事態を確認しようとアポロ13号に問いかける。確か、トラブル発生、と聞こえたような気がする。しかし、気のせいかもしれない。

174　第4部 ▶ サービスデザイン

「こちらヒューストンだ。今、なんて言ったんだ？」

それに答えたのは、ジム・ラヴェルだった。
「トラブルが発生した。メイン・バスＢの電圧低下。スラスター（推進装置）の数値が乱れている」
そこにかぶせるように、ジャック・スワイガートがジムに尋ねる。
「コンピュータはどうなっている？」
「切れてる。今、もう１つ警報が鳴り出した」
「クアッド（quad）・チェック」

少し遅れてフレッド・ヘイズも月着陸船から戻ってきた。
「どうした？　俺は何もしてないぞ」
慌てるフレッド。実はこの直前、フレッドは小さないたずらをしていた。月着陸船と司令船とをつなぐバルブを操作して音を出し、ほかのメンバを驚かせていたのだ。しかし、今回の大きな音は自分の仕業ではない。フレッドも何か弁解をするかのようにつぶやくと、司令船の自分の席に着いた。

「クアッド・Ｃ」
「コンピュータがまた動き出した」
「Ｒ.Ｃ.Ｓ.を再確認する」
「ピン（ping）ライトがついた」
「どうなっているんだ、さっぱりわからないぜ」
「警告ランプがいくつも出てる。リセットして再起動させないと」
「姿勢を安定させよう」

緊迫した空気が船内を包む。何が起きているかまったくわからないときは、とにかく現状確認に徹し、それを管制センターに報告することが望ましい。しかし、このときばかりは3人の宇宙飛行士も、計器に現れた数値を読み取るのがせいいっぱいで、未だに事態をよく呑み込めていなかった。

「いかん、心拍数が急上昇している」

CHAPTER

12

ITサービス継続性管理

現場の緊張は、管制センターの医療班（ケン・マッティングリーを降板させることを提案した医者、その人である）にしっかりと伝わっていた。

　現状の確認は、管制センターのフライト・ディレクターであるジーン・クランツにとっても最重要課題である。

「環境班、どうなっているんだ」

　サイ・リーバゴットに状況報告を求めるジーン。サイは、目の前に表示されているモニタリング数値を読み始めた。

「2号酸素タンクの圧力がゼロです。1号タンクのほうは、725から下降中です。燃料電池は、1号と3号が…そんなバカな、少々お待ちください」

　ありえない。サイは一瞬そう考えた。行程のまだ半分にも満たないところで、2つある酸素タンクのうちの1つが空っぽになっているなんて。もういちど確認しよう。その直後、別の担当スタッフがジーンに立て続けに報告する。

「フライト、姿勢制御系がジンバル・ロックを起こしそうです」

　別のスタッフも。

「信号が消えそうです。アンテナが揺れまくっているんじゃないですかね」

「いっぺんに喋るな。1つずつだ。落ち着け」

　スタッフを落ち着かせようとするジーン。まずは、酸素と電力についてだ。

「環境班、これは計器故障なのか？　本当の電力消失か？」

　計器故障？　ジーンがそう尋ねたのも無理はない。実は、計器の数値を読み取る装置に異常が発生するのは、よくあることだった。しかもアポロ13号は、地球から遠く32万キロ離れた位置にある。支援船には「高利得アンテナ」と呼ばれる、パラボラが4つついたアンテナが設置されており、地球との交信はこのアンテナを使って行われる。アンテナはそんなに大きなものではなかった。1970年代、こんな遠くにある宇宙船の小さなアンテナからの電波を正確に拾うのは至難の業だった。そのための仕組みは、よく壊れたり、電波を十分に拾いきれなかったりして、計器を不安定にさせた。ジーンは、また機械の故障だな、と考えていた。

「4ヶ所に異常が出てますが、それはあり得ません。ただの計器故障でしょ

う」

サイ・リーバゴットも、同じようなことを考えていた。

　しかし、当の宇宙船に乗っている3人の飛行士は、深刻な事態が起きたことをすでに認識していた。何が起きたのかはわかっていないが、何かが起きたのは確かだった。サイが言っていた「あり得ない」ことが、現実に発生していたのだ。

「（月着陸船と司令船とをつなぐ）ハッチを閉めてくれ。隕石の衝突かもしれない」

　ジムは、ジャックにそう伝えた。もしかしたら、月着陸船に隕石がぶつかったのかもしれない、と考えたのだ。よし、と答えるジャック。そのジャックに、トンネルがねじれてるぞ、と声をかけたのは、フレッドだった。そのフレッドが、管制センターに報告を続ける。

「ヒューストン、警報発生時に大きな爆発音がした…。くそ、メイン・バスAもだ」

「どうした、電圧低下か？」

「ヒューストン、メイン・バスAも電圧が低下してきた。現在25.5。メイン・バスBはゼロになった。何か妙な振動を感じる」

　この報告に、ついに楽観的な考えを捨てざるを得なくなったのは、ジーン・クランツだった。

「爆発音と振動、と言ってるじゃないか。どう考えても計器の故障じゃないだろ」

　ジーンは、誰に対して言うでもなく、そう吐き捨てた。いや、計器の故障かもしれない、と楽観的に考えてしまった自分を叱るように言い聞かせていた。

　一方、ハッチをしめようとしていたジャックが、ジムに向かって叫ぶ。

「ハッチが閉まらない！」

　それを聞いて、ジムは考えを改めた。

「じゃあいい、ほっとけ。隕石ならもうとっくに死んでるはずだ。なんとか切り抜けるしかない」

CHAPTER 12 ITサービス継続性管理

177

後半は、やはり自分に言い聞かせているようだ。すぐれたリーダーは、自分の指示ミスで部下が適切に動けなかったとき、部下を責めたりしない。

　フレッドは必死になって管制センターとの通信を試みる。

「ヒューストン、聞こえない。Bに切り替えろと言ったのか？　ああ、了解」

　ジムが手元の計器を見て、別の心配をする。

「ジンバル・ロックが起こりそうだ」

　ジンバルとは傾き補正を行う回転台のことである。X軸、Y軸、Z軸の3方向に自由に回転するジャイロを用いて、姿勢を制御している。この3軸のうち2軸が重なってしまうことをジンバル・ロックと呼んでいる。一度ジンバル・ロックが起きてしまうと、自由な姿勢制御を行うことができなくなってしまう。これはなんとしても避けたい現象なのだが、今はそんなことも言っていられない。姿勢制御できる状態ではないのだ。

　管制センターがアポロ13号に確認を促す。それに対して、3人がそれぞれに現状を報告する。

「信号がつながらないぞ」

「ヘリウムタンク1号のAとCに異常標識が出ている」

「姿勢推進安定装置をCからAに切り替える」

「異常が出ているのは燃料タンク1、燃料タンク3、メイン・バスBが電圧低下、タンク内圧力、スーツ・コンプレッサ…全部じゃねえか！　姿勢制御配電盤の1と2、司令船コンピュータ。酸素がどんどん減ってるぞ！これは警告ランプの故障かもしれないが…」

　ここでふと、ジムがあることに気づく。窓の外、後方を写す鏡に、何かが見えている。いや、何かが宇宙船から"漏れて"いる。窓の外を確認するジム。

　そして、管制センターに向かってこう報告した。

「ヒューストン、何かが外に漏れているんだが…」

　この報告に、管制センターが一気に静まり返る。今までの報告の中で、最も致命的なものだ。本当に何かが漏れているなら、それは水素か酸素のどち

178　第4部 ▶ サービスデザイン

らかに違いない。いずれにしても、3人の宇宙飛行士の生命を脅かす事態であることは間違いない。
「1号窓の向こうに、今漏れているが見える。間違いなく…。何かのガスだ」
なんだって？　管制センターのスタッフが、互いに顔を見合わせる。

「あれは多分酸素だ」

このジムの言葉をきいて、ジャックとフレッドは酸素タンクの目盛りを確認する。つい今しがた、ジャックが「酸素がどんどん減っている」と報告したばかりだ。

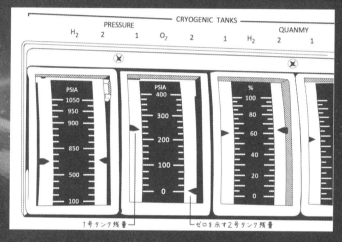

残量ゼロを示す2号の酸素タンクの針

絶望的な報告だ。完全に静かになった管制センターに、ジャック・ルースマの声だけが響く。

「気体流出だな。了解した」

継続性とは

　火災や落雷、地震、台風、大規模停電、サイバーテロといった災害への対応は、単なる可用性の管理だけでは対応できません。しかし、これらの災害に対する対策も、可用性管理とは別に必ず考えておかなければなりません。そこで、可用性とは別に、そうした大規模な災害が発生したときの対策や復旧手段に関する活動も必要になります。そのような災害からIT資源を守り、迅速に回復させてITサービスを継続させる度合を、文字どおり「継続性」と言います。

　さて、継続性と可用性は大変よく似ています。たとえば、サーバやストレージを二重化して見た目上のダウンタイムを最小限に抑えることは、継続性を高めるための活動でもあり、なおかつ可用性を高めるための活動でもあります。しかし、継続性と可用性には大きな違いが1つあります。それは、継続性が災害対策を念頭に置くのに対し、可用性はITインフラストラクチャやアプリケーション自身の障害（不具合）対策を念頭に置く、ということです。

　サーバの二重化を例にとりましょう。災害対策を念頭に置いた継続性を高めるためには、本番稼働環境が設置されているサイトのほかに、遠隔地にDR（Disaster Recovery：災害復旧）サイトを設け、二重化したサーバをそちらにも設置することが望まれます。地震や台風などで本番稼働サイトが建物もろとも損壊してしまったとしても、DRサイトがあれば大丈夫、ということです。

　一方、障害対策を念頭に置いた可用性を高めるためには、二重化したサーバはできるだけネットワーク的に近い場所、できれば同じサイトの同じネットワークスイッチに接続された環境に置くほうがよいでしょう。一方のサーバに障害が発生したということをもう一方のサーバがいち早く認識し、処理を引き継ぐためには、二重化したサーバ同士ができるだけ高速に通信できるほうがよいからです。さらにそのスイッチや、サーバとスイッチをつなぐネットワークケーブルも二重化しておくほうが望ましいでしょう。

　このように、継続性を重視したときの対策と、可用性を重視したときの対策は若干異なります。実際には、顧客の事業に適切なサービスを提供し続けることを考え、両方のバランスをうまくとりながら対策を立てていくことになります。

ITサービス継続性管理とは

　顧客の事業にとって必要不可欠なITサービスを、災害時であっても最低限復旧できるようにするための活動をITサービス継続性管理（長いので、ここから先はITSCM：IT Service Continuity Managementと略します）と言います。さすがに大規模な災害が発生したときに、平時と同じサービスレベルのITサービスをいつもどおり提供し続ける、というのは現実的ではありません。具体的に、災害時であってもどの程度のサービスレベルを確保する必要があるか、遅くともどの程度の時間でITサービスを復旧させる必要があるか、ということは、SLAの中で合意を取りつけておく必要があります。

　ITSCMの活動の中心になるのは、リスク分析とその対策です。リスク分析とは、特定のサービスが継続不可能に陥った場合、事業にどの程度の影響を与えるのか、詳細に分析することです。
　具体的には、次のようなことを網羅的に考えます。

- 企業の存続において最も重要な事業や業務は何か
- その事業や業務を支えるITサービス、またはITサービスを実現するための資源に対して、どのようなリスクが考えられるのか
- そのリスクが顕在化したときに、重要な事業や業務はどのような影響を受けるのか

　ここでは、最も悲観的な事態を想定して、事業の継続に与える影響の大きさ、業務を停止してもやむをえない最大許容停止時間、事業が受ける損失額などを分析します。そうして事業が被る負の影響を洗い出したら、今度は対策を整えるべき項目に対して優先順位をつけていきます。ここでの優先順位にしたがって、事業を復旧するための対策を講じていくことになるのです。

　通常、DRサイトを立てるのには莫大なコストがかかります。そこで、先のリスク分析結果に従い、DRサイトはコールドサイト（DRサイトは準備されているが、機器やデータは準備されておらず、惨事になったら機器やデータを

準備する）にするか、ウォームサイト（DRサイトに機器やデータが準備されているが、普段は起動していない）にするか、ホットサイト（DRサイトにすべてが準備されており、すぐに切り替え可能）にするか、といったことを決定します。当然、コールドサイトよりもウォームサイト、そしてホットサイトのほうが、コストがかかります。対策を講じようとしているITサービスは数日程度稼働が停止しても許されるサービスなのか、惨事でも稼働し続けなければならないサービスなのかによって、採用するDRサイトの形態を決めていくのです。

事業継続性計画

　本来ITSCMは、事業継続性管理（BCM：Business Continuity Management）の一環として行われるべきものです。BCMとは、事業を継続していく上で許容できる範囲でリスクを低減させることと、そのリスクが実際に発生してしまった際に迅速に復旧させるための計画を立案し、ビジネスに与える影響を最低限に抑えることを目的とした活動です。そのBCMはさらに、事業継続性計画（BCP：Business Continuity Plan）の一環でなければなりません。BCPは、顧客側（事業側）のトップマネジメントによって策定されます。自分たちの事業にとって最も重要なものは何か、災害が発生しても継続すべき事業はどれか、災害発生時に従業員の安全をどのように確保するか、といったおおまかな方針・方向性を策定するのです。そのBCPを受けて、具体的な方策をBCMとして策定します。事業に対してどのようなリスクがあるかを識別し、そのリスクを低減させるためにどのような方法があるのか、そのリスクが顕在化したときはどのように対策を取るべきか、といったことを、優先度をつけて計画・立案するのです。さらにそのBCMを受けて、具体的なITSCMを考えていきます。

　BCPが策定できているということは、事業側の責任において、万が一の事態を想定した備えができている、ということです。たとえば、災害が発生した場合でも、最低限の事業継続として、最も重要な顧客に対しては24時間以内

BCP と BCM、ITSCM の関係

に商品を出荷する、そうでない顧客には72時間以上待ってもらう、というようなことを決めておくのです。そのための具体的な仕組みはBCMで策定し、さらにそのためのITサービスの冗長化などについてはITCSMで策定する、というわけです。このことはDRP（Disaster Recovery Plan：災害復旧計画）の整備を行う上でも大変重要なことです。SLAの解説でも述べましたが、BCPの整備については、事業側とITサービス提供者側双方の責任を明確にしつつ、SLAの中に明記すべきでしょう。

また、ITSCMを具体的に考える際には、それがITに関係する中・長期的な投資となるため、必然的にIT戦略全体やITガバナンスにも密接に関わることになります。

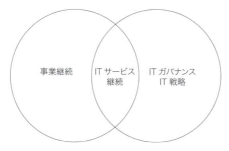

経済産業省「ITサービス継続ガイドライン」より引用

ITサービス継続性管理は、そのガイドラインがITIL以外にも存在します。特に、経済産業省が2008年に発表し、2012年に改定を行った「ITサービス継続ガイドライン（http://www.meti.go.jp/policy/netsecurity/docs/secgov/

2011_IoformationSecurityServiceManagementGuidelineKaiteiban.pdf）
は有益な情報源となります。

冗長化とSPOF

　前述のとおり、「100％の可用性はあり得ない」という前提でITインフラストラクチャやソフトウェアを構成しなければなりません。これは、継続性に関しても同じことが言えます。停止することで顧客の事業に致命的な影響を与えるようなサービスに関しては、テクノロジ単位、あるいはサービス単位での冗長化が最も有効であると考えられます。しかし、冗長化にはコストが必要です。日頃は使用しないテクノロジの購入やソフトウェアのライセンス使用料の支払いも必要ですし、要員のスキルやバックアップへの切り替えのリハーサルなども定期的に実施しなければなりません。いつ発生するかわからないクリティカルな（ビジネスに深刻な影響を与える）インシデント発生のためにすべてのテクノロジやサービスを冗長化し固定費を増大させることは、かえって会社の健全な事業活動の妨げとなってしまうかもしれません。そこで一般的にはSPOF（Single Point of Failure：単一障害点）を中心とした冗長化を検討します。SPOFとは、その部分1ヶ所に不具合やインシデントが発生すると、すべてのサービスが停止、あるいは大きな影響を与えてしまう、という部分のことを言います。言い換えれば、最も冗長化が必要な部分です。SPOFを具体的に識別した上でその部分にフォーカスを当て、顧客の事業に対するリスクやコストなどを考慮し、費用対効果の高い冗長化を行っていく必要があります。理想は、SPOFをなくすこと。これは可用性管理にも同様のことが言えます。

『アポロ13』における事例

　ではここで、映画『アポロ13』における、ITサービス継続性管理の事例を見てみましょう。

ロケット打ち上げから3日目。彼らはここで、もはやインシデントと呼ぶにはあまりにも大きすぎる…、これは災害といってもよい…、事態に直面します。酸素タンクの爆発。それは、アポロ計画の中でもただ一度だけの、未曾有の危機でした。実際には、酸素タンクが爆発したことは、「3人の宇宙飛行士が生きて地球に帰れないかもしれない」というインシデントに相当するものです。厳密には"重大なインシデント"を呼ぶべきもので、「災害」ではありません。しかし、ここはあえて分かり易さを重視して、このシナリオでITSCMのことを解説していきます。

　さて、そのとんでもない災害に、最初はヒューストン管制センターの誰も気づきませんでした。アポロ計画では、計器の数字を読み取る装置が故障したり、支援船に搭載している高利得アンテナの調子が悪くなったりして、モニタリングを行っている数値が異常な値を示すことが時々あったのです。実は映画では割愛されていますが、史実では、この酸素タンクの爆発の前に、アンテナの調子がおかしくなることがあったそうです。ジーン・クランツは確かに爆発音を聞いていたはずなのですが、そのときはそこまで重大な事態が発生しているとは考えておらず、爆発音もさほど気に留めてはいませんでした。

　一方、3人の宇宙飛行士はパニック状態でした。「何かが起こったことは間違いないが、何が起こったのかわからない」というときほど不安なことはありません。3人は、とにかく状況を次々と管制センターに報告します。計器の故障だと考えていた管制センターでは、宇宙飛行士からの報告を聞くにつれ、宇宙船がただごとではない状態に陥っていることを認めざるを得なくなります。フレッド・ヘイズの「爆発音と振動」という言葉に加え、「酸素が外に漏れている」というジム・ラヴェルの報告がダメ押しをしました。管制センターは、本当に緊急事態が発生したのだ、ということをやっと認識します。現場と管理側との温度差は、NASAにも存在したのですね。

　突然、サバイバルが始まりました。酸素がなくなれば、水素と酸素の化学反応から電力を生み出している燃料電池が、電力を生み出せなくなってしま

CHAPTER 12 ITサービス継続性管理

います。それどころか、3人の宇宙飛行士の生命維持もできません。この後、ジーン・クランツは全員に向かって、的確な指示を出し始めます。「コンピュータをもう1台用意してくれ。各班、サポートチームに連絡。必要な人間をかき集めろ」など、初めての事態とは思えないほどの手さばきです。これにより、彼らは緊急事態に備えた訓練をあらかじめ行っていたのではないか、ということが推測できます。

　事実、NASAはあらかじめあらゆる緊急事態を想定し、何ヶ月もかけて、BCPやDRPを作成していました。そして、「ミッション・ルール」という冊子にまとめ上げていました。数多くのシミュレーションを重ね、どのような事態が起きたらどのように対応するか、ということが細かく記されていました。また、映画の中でも、ケン・マッティングリーやジャック・スワイガートが訓練を行っている最中に地上スタッフがいたずら（ケン・マッティングリーには推進装置が動かなくなるといういたずら、ジャック・スワイガートには途中でこっそり訓練メニューを変更するといういたずら）を仕掛けています。これはもちろんいやがらせのためではなく、突然緊急事態が発生した際にも冷静に対応できるよう訓練しているのです。

　そしてこのあとジーン・クランツは、名言とも言える言葉を全員に向かって放ちます。「当て推量は墓穴を掘るだけだ」。当然、推測でものごとを運ぶな、ということなのですが、筆者は、これがジーン・クランツ自身の自戒のセリフであったように思えてなりません。なにせ当のジーン・クランツ本人が、今回の事態を計器の故障だ、と思い込んでいたわけですから。爆発音と振動、という報告、そして酸素が外に漏れているという報告は、ジーン・クランツを深く反省させるには十分だったに違いありません。当て推量でものごとを運ぼうとしていたのは、ほかならぬジーン・クランツ本人だったのです。

　さて、映画の中には、彼らが最悪の事態を想定して継続性管理を行っていた（訓練にあたっていた）ことが推測できるシーンがあります。反応バルブを閉めても結局酸素の流出を止められなかったことを受け、ジム・ラヴェルは管制センターからの指示を待たずして、月着陸船の操縦士であるフレッド・

ヘイズに質問をします。

「着陸船を起動するには、どれぐらいかかる？」

フレッドは「通常だと3時間」と即答します。ジムが「そんな余裕はないぞ」と発言した直後、フレッドはすぐに月着陸船に向かって、起動を始めます。

月着陸船の起動を急ぐフレッド・ヘイズ

少し遅れて、ジーン・クランツが「**クルーを着陸船に避難させる。あっちの酸素を使おう。着陸船が救命ボートだ**」という決定をします。通信担当のジャック・ルースマがこの決定を宇宙飛行士に伝える時点では、すでにフレッド・ヘイズが月着陸船の起動を始めていました。

これらの流れから、「月着陸船が現存している状態において司令船の電力が失われてしまった場合は、月着陸船を救命ボートとして活用する」というDRPが作られていたことが考えられます。筆者が史実を調べたところ、アポロ10号時代にこのDRPが計画されていたようです。しかし「非現実的すぎる」ということで、残念ながら実際の訓練は行われていなかったようです。これは推測の域を出ませんが、筆者は、アポロ8号の搭乗員だったジム・ラヴェルが、このDRPを知っていたのではないか、と考えています。だからこそ、迅速な対応ができたのです。非現実的過ぎるといわれた事態は、アポロ13号で現実になってしまったのです。実際のIT環境では、アポロ計画ほ

どコストをかけることはできませんが、かかる事態を想定した対策を立案しておくことは必要でしょう。かのマーフィも言っています。「If anything can go wrong, it will.（失敗する可能性のあるものは失敗する）」と。

映画に見られる、その他のエピソード

　前述のとおり、ここで詳しくご紹介した酸素タンク爆発の事例は、本来はどちらかというと「重大なインシデント」に該当するものです。映画『アポロ13』を見る限り、アポロ13号は、数え切れないほどのインシデントが彼らを襲っています。しかしその一方で、直接的なITSCMを発動させなければならないような事態、つまり真の意味での「災害」は発生していません。アポロ計画全体を通して、地震や台風、テロ、大規模停電といった災害には直面したことがないのです。

　障害と災害には大きな違いが1つあります。可用性100％はあり得ない、としながらも、それでも障害は発生を防ぐよう努力することが可能です。一方、災害は防ぐことが困難です。今回の酸素タンクの爆発は、小さなミスの積み重ねによって発生したもので、本来は防ぐことが可能だったと考えられます。そう考えると、酸素タンク爆発は、それがどんなに致命的な事態を引き起こしたとしても、事前に防ぐことができたインシデント（障害）と考えるほうが適切です。ここで紹介した「酸素タンクの酸素を失った場合は月着陸船に避難する」というのも、本来であればワークアラウンドとして紹介すべきものです。
　しかし前述の通り、映画では災害が語られていません。そのため今回は、彼らにとって最大のインシデントである酸素タンクの爆発を災害とみなしてご紹介しました。酸素タンクの爆発は、一刻の猶予もない事態です。3人の宇宙飛行士にとっては、まさに生きるか死ぬかの瀬戸際での判断や行動を余儀なくされています。月着陸船で司令船の完全な代わりを務めることはできませんし、3人の宇宙飛行士が本当に月着陸船に避難したら、それは月着陸をあきらめなければならないほどの事態に見舞われたということと同義です。3人の宇宙飛行士にとっては、まさに災害が発生したと考えてもよいような出来事でした。

それにしても、1961年から1975年までの14年間で、本当にDRPを発動さ
せなければならないような災害に見舞われていない、というのは驚きです。ア
ポロ12号が発射直後に落雷に見舞われていますが、たいしたことにはなりま
せんでした。このような小さな災害はあったかもしれませんが、アポロ計画そ
のものの継続を脅かすような災害は、記録に残っていません。とはいえ、彼ら
は未知のチャレンジに際し、たくさんの冗長化を行っていることはすでに述べ
た通りです。大規模災害に対してBCPを考え、BCMを構築し、DRPを設計
していたことは間違いないでしょう。

　そのことを予見させる事例について考えてみます。
　実際にロケットの打ち上げに使われたのはフロリダ・ケープケネディ（現・
ケープカナベラル）のケネディ宇宙センターです。ロケットを効率的に発射す
ることを考えると、発射台はできるだけ赤道に近い位置にあるほうがよいそう
です。赤道に近ければ、それだけ地球の自転をロケットの推進に利用すること
ができる、というのがその理由です。そこでケープケネディが発射台を設置す
る場所として選ばれたわけですが、この場所に発射台を設置することは、
ITSCM的にも意味があります。それは、ケネディ宇宙センターは大都市から
遠く離れたところにあるため、万が一ロケットの発射に失敗したり、大規模な
災害が発生してロケットや宇宙センターが大爆発を起こしたりしても、大都市
に対する被害が少なくて済みます。また、ケープケネディはアメリカの東海岸
にあります。ということは、東側は海です。ロケットは地球の自転を利用して
打ち上げるため、東側に向けて発射されます。万が一ロケットの発射に失敗し
ても東側が海であるため、地上への影響が最小限になるのです。
　一方、管制センターがあるのは、ヒューストンの有人宇宙船センター（現・ジョ
ンソン宇宙センター）です。有人宇宙センターは、有人宇宙飛行に関するすべ
ての管制のほか、宇宙飛行士の訓練にも使われています。
　さて興味深いのは、ロケットの発射台があるケネディ宇宙センターで飛行管
制が行われているわけではない、という点です。映画の中ではほとんど触れら
れていませんが、この2つの宇宙センターはおよそ1,630キロメートル離れて
います。1,630キロ、と言われてもピンときませんよね。これは、日本の青森
県から山口県までの距離にほぼ等しいのです。

ケネディ宇宙センターと有人宇宙センターの位置関係

　なぜ、これだけ距離が離れているのでしょうか。その気になれば、ケネディ宇宙センターに管制施設を置くこともできたはずです。これは推測の域を出ませんが、一方の宇宙センターが大規模な災害に見舞われ、その機能や職員の大半が失われても、NASAの知見をまるごと失うような事態にはならないよう、機能を分散させているのではないでしょうか。たとえば、宇宙飛行士の訓練施設はヒューストンにあります。次のミッションの宇宙飛行士はヒューストンで訓練を受けているわけです。もしケネディ宇宙センターが災害に見舞われたり、ロケットの打ち上げに失敗してロケットが大爆発を起こしたりして、現ミッションの宇宙飛行士が全員亡くなってしまったとしても、次のミッションの宇宙飛行士を巻き添えにすることは防げます。管制センターも同様のことが言えます。発射台と管制センターとを分け、機能を分散させることで、万が一に備えているのです。

　とすると…、ミッションを降板させられたケン・マッティングリーが、黄色いスポーツカーに乗って発射台の近くに訪れ、アポロ13号の打ち上げを見守る、というシーンがありました。彼は青森から山口までの距離をこのスポーツカーで移動した、ということでしょうか。やはり、宇宙飛行士の体力と精神力は並大抵のものではないようです。

第5部
サービストランジション

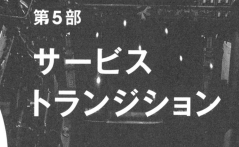

設計した内容を本番稼働環境に持ち込むことを「トランジション(移行)」と言います。ここでデベロップメント(開発)とか、インプリメンテーション(実装)といった言葉を使わないのは、「設計した通りにITサービスを開始する」ということを重要視しているからです。

CHAPTER

13

「なんとかして、この四角を
この筒にはめ込むんだ」

I suggest you gentlemen invent a way to put
a square peg in a round hole. Rapidly!

構成管理

ITサービスマネジメントの屋台骨を支えているのが、
「今、私たちは何をどれくらい持っているのか」
という情報です。
顧客やユーザが使えるITサービス、
及びそのITサービスを実現するためのハードやソフトなどを
正確に把握できているかどうかが、
ITサービスマネジメントの成否を決定づけます。

Scene Time → 1:20'03"-

　酸素タンクが爆発して以来、さまざまなトラブルに見舞われてきたアポロ13号。トラブルが発生するたびになんとか回避をしてきたのだが、ここにきてまた新たな問題が発生した。司令船にも月着陸船にも、宇宙飛行士が吐き出す二酸化炭素を浄化するための装置（CO_2キャニスタ）が装備されている。しかし、もともと乗員2名で設計されているアクエリアスのCO_2キャニスタでは、3人が吐き出す二酸化炭素を浄化するには能力不足だった。しかも、アクエリアスのCO_2キャニスタに取り付ける浄化用のフィルタはわずか2日間程度の活動を想定して準備されていたため、このままではフィルタの予備がすぐに尽きてしまう。

　そのことに気付いたのは、システム部門のチーフ、エド・スマイリーだった。スマイリーは管制官ではなく、機材開発部門の技術者である。当時のNASAは、何か問題を見つけたり、その問題を解決するための方法を見つけたりしたら、それが誰であれ、上層部に上申できる仕組みになっていた。エド・スマイリーは管制官、及び医師を通じて、二酸化炭素の問題をジーン・クランツに告げた。現時点での二酸化炭素の目盛りは8。これが15を越えると、判断力が鈍り、やがて意識を失って仮死状態になる。

CO_2問題の報告を聞くジーン・クランツ

CHAPTER 13 構成管理

部下からその報告を受けたジーンが、当然とも思える質問を部下に投げか
ける。

「指令船のフィルタは？」

　確かに、オデッセイにはフィルタの予備が十分にあった。しかし、部下が
絶望的な答えを返す。

「四角いんです。着陸船のは丸」

　ジーンは、ため息をつきながらつぶやいた。

「国家事業が聞いてあきれるぜ…」

　しかし、逆に国家機密を含む事業だからこそ、指令船メーカーと月着陸船
メーカーとの間での情報交換は最小限に抑えられていたとも考えられる。部
下がジーンに毒づく。

「こんな事態は予測がつかなかったんです」

　とはいえ、毒づいて解決する問題ではない。ジーンは気持ちを切り替えて、
部下にこう指示した。

「それじゃ、丸い穴に四角い杭を打ち込む方法を考えろ。大至急」

構成アイテムとは

　ここでは、非常に地味な、それでいて非常に重要な管理項目についてお話ししましょう。構成アイテム（日本語では構成品目）です。

　本書では、構成アイテムを次のように定義します。

> ITサービス・プロバイダが顧客やユーザにITサービスを提供するために必要で、なおかつ適切に管理する必要のある、ありとあらゆるコンポーネントのこと。

　具体的には、ITサービスそのもの、ハードウェア・コンポーネント、ソフトウェア・コンポーネント、及びそれらを活用するための人材、そしてハードウェアやソフトウエアのマニュアルや顧客とのSLA、サプライヤとの契約書、緊急連絡網、ノウハウ、人材を有効に活かすための組織図などの、さまざまな文書、などが構成アイテムに含まれます。

　この構成アイテムを管理するために構築するデータベース・システムのことを、構成管理データベース（CMDB：Configuration Management Data Base）と言い、構成管理データベースを含む、ITサービスの継続的な運用に欠かせないシステムのことを、構成管理システム（CMS：Configuration Manage ment System）と言います。構成管理システムには、インシデント管理に必要なインシデントデータベースや、問題管理に欠かせない既知のエラーデータベースなどが含まれます。簡単に書けば、「どの構成アイテムでどのようなインシデントが発生したか」ということや、「どのインシデントの根本原因は何で、それはどの構成アイテムに起因しているか」といったことを、互いに関連づけて管理するためのシステムです。

　構成管理データベースにおいて構成アイテムを管理するに当たって、個々の構成アイテムを特定したり、構成アイテムを説明したり役目を果たすのが「属性」です。属性には、それぞれの構成アイテムの名前、バージョン番号、ハー

ドウェアなのかソフトウエアなのか文書なのか、といったことを表すカテゴリ、設置（保管）場所、管理責任者、使用開始日、現在のステータス（稼働中、テスト中、故障中など）といったようなものがあります。これらの属性は、変更管理やインシデント管理、問題管理に必要な情報は何か、ということを考えながら、必要な情報を記録していくことになります。

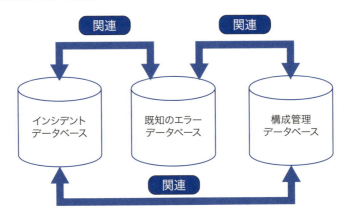

構成管理システム（CMS）

 ## 構成管理とは

　構成管理とは、構成管理データベースを常に最新で正確な状態に保つことで、インシデント管理や問題管理などのプロセスに対して、必要な情報を確実に提供することを目的としたプロセスです。インシデント管理や問題管理だけでなく、可用性設計やキャパシティ設計を考えたり見直したりする際にも、構成管理データベースの情報は貴重です。さらに、後に述べる変更管理においても、どの構成アイテムをどう変更したらどの構成アイテムにどう影響するか、というような情報源は、構成管理データベースです。構成管理は、言わば縁の下の力持ちのようなプロセスです。

　ITILでは、このプロセスを「サービス資産管理及び構成管理」と呼んでいます。しかし本書では、簡潔に記述するためにあえて構成管理という名称を用います。

さて、この構成管理、実はこれそのものは何の利益もユーザ満足ももたらしません。そのため、つい後回しに、ないがしろにされてしまいがちなプロセスです。しかし、構成管理は前述のとおり、構成管理データベースを常に最新の、正確な状態に保つことを目的としたプロセスです。構成管理データベースは、ほかの重要なプロセスがITサービスの提供に利益をもたらすことを確実にするために、とても重要な情報を提供します。したがって、構成管理は（地味なプロセスなんですが）非常に重要である、と言えるでしょう。

さて、構成管理プロセスを考える上で、重要なポイントが2点あります。

⮕ 資産管理と区別する

構成管理（Configuration Management）と資産管理（Asset Management）とは異なります。「ウチはちゃんと半期に1回資産管理をしているから、わざわざ構成管理なんてする必要はない」というわけにはいかないのです。なぜなら、構成管理と資産管理とは、その目的が異なるせいで、管理対象が大幅に違うからです。

資産管理とは、財務の観点で、すべてのIT資産を識別して管理することです。たとえば、データセンターにあるサーバーとストレージとを別々に購入したのなら、サーバーとストレージはそれぞれ別の資産として管理する必要があるでしょう。また、物理的なサーバーが1台だけなら、資産管理の観点では、その1台のサーバーを資産として登録しておけばよい、ということになります。

一方、構成管理の観点では、ストレージは単なるサーバーの属性の1つ（どのサーバーに何テラバイトの容量のストレージが割り当てられているか）に過ぎないかもしれません。また、物理的なサーバーの中に仮想サーバーが10台存在するなら、構成管理としては、その仮想サーバー10台もそれぞれ構成アイテムとして管理する必要があるでしょう。さらに、SLAや組織図などの文書は資産管理では扱いませんが、構成管理では非常に重要な構成アイテムとして管理対象に含めます。

➡ 構成管理の目的を意識して構成アイテムを決める

　すでに述べたとおり、構成管理は、ほかのさまざまな管理プロセスと密接な関係を持ちます。ITサービスの提供に直接利益をもたらし、顧客やユーザに直接満足をもたらすための、すべての管理プロセスの土台になる、と言っても過言ではないでしょう。

　構成管理の目的（ITサービスを効果的に提供するために構成アイテムを正確にリアルタイムに管理すること）を忘れてしまうと、無駄に細かすぎたり、必要な情報がまったく記載されていない構成管理データベースになったりしかねません。また、それぞれの構成アイテムにどのような属性を持たせるとよいのか、どの程度の細かさ加減で管理するのが適切なのか、ということも、判断がつかなくなるでしょう。

　また、構成管理データベースが現実のITサービスを行っている構成アイテムを正しく表しているかどうか、いわゆる「たな卸し」を時々行うとよいでしょう。たな卸しは、

- 定期的に
- 不定期に抜き打ちで
- 構成アイテムに対する大規模な変更があったとき

の3つのタイミングを適宜組み合わせて実施するのが望ましいと言えます。

『アポロ13』における事例

　ではここで、映画『アポロ13』における、構成管理の事例を見てみましょう。

　アポロ13号の船内にある備品を、地上の管制センターが非常に正確に、かつ細かくチェックしていたことがわかるのが、今回冒頭で紹介したエピソードです。二酸化炭素の増加が3名の宇宙飛行士の生命に深刻な悪影響を与える、ということに気づいたエド・スマイリー。幸い、オデッセイのフィルタにはまだ余裕があります。なにせ、酸素タンクが爆発してから、オデッセイのCO_2キャ

ニスタは全然使っていないのですから。彼は、宇宙船にあるものだけで、どうにかしてオデッセイのフィルタをアクエリアスのCO_2キャニスタに取り付ける方法を編み出し、この危機を脱しようとしました。

そこで役に立ったのが、宇宙船に積み込んだ備品のリスト、いわゆる構成管理データベースです。もちろん当時はそんな呼び方はしていなかったでしょうが。筆者がJAXAに勤めている人から話を伺ったところ、世界初のデータベース管理システムは、このアポロ計画で宇宙船に積み込む備品のリストを作るために作られたのだそうです。ヒューストンの管制センターで全体の管理をしていたコンピュータ・システムはIBM社のSystem/360でしたから、おそらくこの世界初のデータベース管理システムは、System/360上で稼働していたことでしょう。もっとも、IBM社初のリレーショナル・データベースであるSystem Rは1977年に初めて売れた、ということですので、この世界初のデータベース管理システムは、現代風のリレーショナル・データベースではなかったのかもしれません。

「何とかしてこの四角をこの筒にはめ込むんだ」と説明するエド・スマイリー

エド・スマイリーは、構成管理データベースを元に、管制センターにある「宇宙船内に存在する備品」をかき集めました。かき集めた備品を机の上にひっくり返して、部下にこう指示します。

「みんな、聞いてくれ。難問を出された。なんとかして、この四角（指令船

のフィルタ）を、この筒（着陸船のCO_2キャニスタ）にはめ込むんだ。材料はこれだけ。さぁ、始めてくれ」後に、その形状から「メール・ボックス」と呼ばれた間に合わせのフィルタが、こうして完成します。もし構成管理データベースが存在しておらず、宇宙船内の備品を正確に管理していなかったら（そして同じ備品が管制センターに現存しなかったら）、「メール・ボックス」は完成しなかったことでしょう。

さて、構成管理データベースは、この後も活躍します。試行錯誤の上に「メール・ボックス」を作成したエド・スマイリーは、「メール・ボックス」を携えて管制センターの指令室にやってきます。そして、宇宙飛行士との直接の通信を担当するジャック・ルースマの前にどん！　と置いて、「これを作らせろ」と指示します。ジャック・ルースマはそのドキュメントを見ながら、作り方を3人の宇宙飛行士に伝えていきます。ジャック・ルースマに言われたとおりに「メール・ボックス」を作っていく3人の宇宙飛行士。しかし、途中で宇宙飛行士の1人、フレッド・ヘイズが、「メール・ボックス」を包み込むための袋を誤って破ってしまいます。

「袋が破けた。テープで止めていいか」
と聞くフレッド・ヘイズ。それを受けて、
「（宇宙飛行士に）何て言います？」
と尋ねるジャック・ルースマに、エド・スマイリーはこう返事をします。

「袋はもう1つあるはずだ」

これこそ、彼らが構成管理データベースをタイムリーに更新している証です。ここでいう袋とは、宇宙船内で発生するさまざまな廃棄物を一時的に入れておく袋のことです。つまり彼らは、廃棄物処理用の袋を最初いくつ宇宙船に積んで、これまでにいくつ使ったか、ということを正確に記録していたのです。ですからエド・スマイリーは、即座に「袋はもう1つある」ということが言えたのです。

ところで、宇宙船内に乗っていないものも把握していたことが、このやりと

りの中で把握できます。ジャック・ルースマは、うっかり

「テープを1m（原語では3フィート、およそ90cm）の長さに切れ」

と指示してしまいます。しかし、宇宙船内には長さを正確に測るためのメジャーのようなものはありません。エド・スマイリーは、ジャック・ルースマに即座にこう言い換えさせます。

「腕で測れ、腕の長さだ」

これも、宇宙船に何があるか（逆に、何がないか）を正確に把握していないと出てこない言葉でしょう。

Column

さて、ここで重要な余談を。前述のとおり、エド・スマイリーは、ジャック・ルースマの前に「メール・ボックス」を持ってきます。しかし、現物があっても、ジャック・ルースマは宇宙飛行士に的確に指示できるわけではありません。困惑して、

「作り方を言ってくれなきゃ」

と不機嫌そうに言うジャック・ルースマ。ここでエド・スマイリーはすかさず、

「これだ」

と言って、作り方を書いたドキュメントを渡します。そう、NASAではドキュメント作成をとても重要視していたのです。映画の中でも、飛行計画書を始めとするさまざまなドキュメントが登場しますし、今回のエピソードだけでなく、さまざまな難局を乗り越えるために、突貫で作成されたドキュメントがいたるところで顔を出します。ここではすべてを挙げることはしませんが、ぜひ、ご自身で映画をご覧になって、確認してみてください。いったい、いくつのドキュメントが映画の中に出てくるでしょうか。それを意識しながら見るのも面白いですよ。

もし、NASAがITILを参照していたら

　ところで、そもそもこのエピソードの最大の問題点は何でしょうか。それは、オデッセイのフィルタとアクエリアスのフィルタの形状が異なっていたことです。もし、オデッセイのフィルタとアクエリアスのフィルタが同じ形状をしていたら、事態はもっと簡単に解決できていたはずです。

　ITILでは、「構成ベースライン」を作成することを推奨しています。構成ベースラインを作成することも、構成管理の役目です。

　本書では、構成ベースラインを次のように定義します。

十分にテストされ、責任者によって承認された、構成アイテムのセット

　構成ベースラインの一番わかりやすい例は、従業員が業務で用いるPCでしょう。どのようなハードウェア構成で、メモリ容量はどれぐらいで、ハードディスクなのかSSDなのか、その容量はどれぐらいか、OSは何で、どのサービスパックが適用されていて、どのソフトウエアのどのバージョンがインストールされているか、といった構成アイテムの標準的なセットを作っておくのです。そのセットを十分にテストし、顧客やユーザのニーズを満たすことを確認し、発生し得るインシデントを認識してワークアラウンドを確立した上で、構成管理の責任者（構成マネージャと言います）が承認します。そうしたセットを作って、記録しておこう、というわけです。

　構成ベースラインを作成する目的は2つあります。
　1つは、構成に何らかの変更を加え、それが原因となって未知のインシデントに見舞われた場合の切り戻しポイントにすることです。そしてもう1つは、同じ構成を横展開することで、管理の手間を軽減したり、管理コストを下げたり、組織のIT構成の標準化を促進したりすることです。
　もちろん、構成ベースラインを作成した後で、業務に必要な新しいソフトウエアをインストールしたり、新しいサービスパックを適用したりする必要もでてきます。そうなったら、新しいセットを十分テストして、構成ベースラインを更新すればよいのです。構成ベースラインは一度作成したら二度と変えては

いけない、というものではありません。

　今回のエピソードで注意を払う必要があるのは、司令船と着陸船との間で「標準化」という概念が欠けていた、という点でしょう。アポロ計画では、残念ながら司令船と着陸船の部品や設備の標準化はほとんど行われていませんでした。司令船はノース・アメリカン社が、着陸船は（映画にもちょっとだけ登場していますが）グラマン社が製造していました。しかし、ノース・アメリカン社とグラマン社との間では、設備の標準化はほとんどなされていなかったようです。そのため、2つの船に搭載されたCO_2キャニスタはその形状が異なり、フィルタも流用ができないものとなりました。ちなみに、2つの船はその操縦方法や操縦桿の形もまるで違っています。映画でもそれは確認できます。

　もしNASAがITILを参照していたら、2つの船の部品はその多くが標準化されていたことでしょう。さまざまな構成ベースラインを作り、管理効率がアップしていたに違いありません。また、アポロ計画が10号、11号、12号、と進むにつれ、構成ベースラインもどんどん改善が加えられ、更新されていったことでしょう。CO_2キャニスタのフィルタも共通のものが使われることになった可能性が高まります。もしそうなっていたら、エド・スマイリーががんばって「メール・ボックス」を作る必要もなかったでしょう。宇宙船以外の部分の標準化も進み、管理コストの削減に一役買っていたかもしれません。

　もちろん、それぞれの宇宙船を作っているメーカーの社外秘の情報や、アポロ計画の国家機密につながる情報などは共有できませんから、一般企業における標準化のようにはいかないでしょう。しかし、NASA自身がイニシアチブをとり、どの情報を共有して、どの情報を共有しない、というコントロールをしっかり行って管理すれば、少なくともCO_2キャニスタの標準化ぐらいは行えていたのではないか、と考えます。

　さて、あなたの組織では、IT構成の標準化はどの程度行われているでしょうか。業務に致命的な支障をきたさないことが確認されている構成、すなわち構成ベースラインはどの程度確立されているでしょうか。くれぐれも、新しいPCを準備するたびに見積もりを取って一番安い機種を買い続け、組織内の業務用PC構成がバラバラだ、ということのないようにしましょうね。無駄に管理コストを増大させるだけになってしまいますよ。

CHAPTER

14

「この飛行計画は忘れよう」

Gentlemen,
I want you all to forget the flight plan.

変更管理

インシデントに対応するため、問題を解決するため、
新規サービスを開始するためなどの理由で、
IT サービスに変更を加えるケースがたくさんあります。
しかし、変更を正しく処理できないと、
変更に起因する未知のインシデントに悩まされることになります。
変更への対応は、最も重視すべき活動のうちの1つです。

Scene Time → 1:07'22"-

　アポロ13号の酸素タンク爆発事故からしばらく経った。会議室には緊急対策チームが集まり、今後の算段を考えようとしている。ジーン・クランツが部屋に入ってくるなり、

「よおし、みんな聴いてくれ。この飛行計画は忘れよう。今から新しいミッションが始まると思え」

と言いながら、飛行計画書を投げ捨てた。

　おそらく最も胃が痛む思いをしているのは、ほかならぬジーン・クランツだろう。どのような結果をもたらすか、その意思決定はすべてジーン・クランツが握っている。つまり、3人の宇宙飛行士が生還するか死亡するかの手綱は、ジーン・クランツが持っているのだ。

　ジーンがOHP（オーバーヘッド・プロジェクタ）の電源を入れる。OHPの上に乗っているシートにジーンが何か書こうとした瞬間、OHPのランプが切れてしまった。くそ、まるで何かを暗示しているかのようだ。ジーンはいかにも不服そうに、OHPを押しのけた。

「ああ、すみません」

と謝る部下。

「誰かに直させろよ」

「電球取り替えればいいと思うんですけど」

　部下同士ののんきな会話を無視して、ジーンはOHP用のスクリーンを上げながら続ける。

「どうやって戻すかだ」

　ジーンは黒板に、簡単な地球の絵と月の絵を描いた。

「現在地はここ。今すぐUターンさせて戻らせるか…」

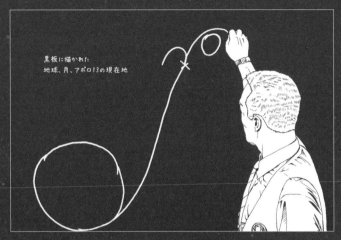
黒板に地球・月・アポロ13号を描くジーン・クランツ

ジーンの言葉をさえぎるように、一部のメンバが一斉に口を開く。
「ああ、賛成」
「それはいくらなんでも乱暴ですよ」
「だめだよ」

そんな中で、Uターン案を最も強固に反対した者がいた。
「だめだめ、Uターンは問題外です。自由帰還軌道に乗せましょうよ。それが一番危険の少ない方法です」
ジーンもその意見に同意した。
「賛成だ。月を回って引力を利用しよう」
一方、その意見に異を唱える者もいる。
「それじゃ4日もかかるじゃないですか！ 生命維持できませんよ。今すぐUターンさせるべきです。回れ右してさっさと帰らせてやりましょうよ」
「そうだ、早いにこしたことはない」
しかし、自由帰還案を提唱する側も譲らない。
「だめだ、オデッセイのエンジンは動くかどうかもわからない。それに船体はひどい損傷を受けているんだ」
彼は、爆発によってエンジンそのものも壊れているかもしれない、と考え

たのだ。もしかしたら、エンジン用の燃料タンクも破損しているかもしれない。

　その意見に賛同する者もいる。

　「爆発して死ぬぞ」

　言い争いは終わらない。

　「船だけ無事に戻っても、乗っている人間が死んじまったらどうにもならないじゃないか！」

　「（しかし、エンジンを点火したら）確実に死ぬぞ！」

　まさに、苦渋の選択である。そこにジーンが割って入った。

　「静かに！　みんな落ち着け。今すぐUターンするのに十分なパワーを持つエンジンは支援船のSPSだけだが、爆発で破損した可能性があるから使えないものと考えるのが妥当だ。点火したら吹き飛びかねない。危険だ。そこまで無理はできない。司令船は再突入まで使えないとなると、頼りは着陸船、つまり自由帰還しかない。月をぐるっと回ったら、着陸船のエンジンを噴射させる。それで加速して、帰還を早めたらどうだろう」

　ジーンに、部下が提案した。

　「グラマン社の人の意見も聞いといた方がいいんじゃないですか」

　それに答えるように、グラマン社のエンジニアが口を開く。グラマン社はアメリカの航空機メーカーで、月着陸船を設計した会社である。

　「保証はできません。着陸船は着陸用です。軌道補正の噴射は想定していません」

　このグラマン社のエンジニアは、当初の想定以外の責任は取りたくない、という立場のようだ。それはそうだろう。彼は今、グラマン社を代表してこの席にいるのだ。大丈夫ですなどと、軽はずみなことは口にできない。保守的な態度になるのも無理はない。

　やれやれ、杓子定規なことを言う奴だ。今はそんなことを言っている場合ではないのに。ジーンはすかさず反論した。

　「しかし、残念ながら着陸は中止だ。何を想定したかはどうでもいい。何ができるかだ。とにかく、これでやってみよう。いいな」

変更とは

何らかの未知のインシデントが発生したとき、必ずと言っていいほど出てくるセリフがあります。

　　　　　　　　誰か、何かした？　何か変えた？

未知のインシデントの原因の7割は変更に起因する、と言った人がいます。9割だ、と言う人もいます。それほど、機嫌よく動作しているITサービスはできるだけ変えたくない、というのが本音のようです。中には、長時間電源を入れっぱなしの装置をいったん切り、再度電源投入しただけで動かなくなる、というようなこともありますね。

さて、本書では変更を次のように定義します。

> ITサービス、及びITサービスを提供するために必要な構成アイテム（ハードウェア、ソフトウェア、文書など）を、追加、更新、削除すること

注意点が4つあります。
1つ目は、変更とは、【追加】、【更新】、【削除】すべてを含む、ということです。こちらはわかりやすいですね。
2つ目は、変更には、ITサービスに関する変更はもちろんのこと、そのITサービスを提供するために必要な構成アイテム（ハードウェアやソフトウェア、文書）の変更も含まれる、ということです。ハードウェアの変更には、サーバにメモリを追加する、今まで使っていたサーバAを別のメーカーのサーバBと入れ替える、ストレージが手狭になってきたから別のストレージをつぎ足す、といったようなことが挙げられます。ソフトウェアの変更は、ソフトウェアの新規インストールのほか、サービスパックやパッチの適用、より新しいバージョンへのアップグレードや、ささいなところではウィルス対策ソフトのパターンファイルのアップデートなどが含まれます。面白いのは文書の変更が含まれる、

という点でしょう。文書の代表はSLAです。SLAが妥当なものであるかどうかはサービスレベル管理で審議されるべきものですが、そのサービスレベル管理でSLAの内容を一部更新しよう、という話になった場合には、具体的な変更の検討は変更管理プロセスで面倒をみることになるのです。その他、組織体制の変更、設計の変更、管理プロセスの変更、ユーザに対するトレーニング手順の変更なども、変更に含まれます。

3つ目は、構成アイテムの具体的な中身についてです。ハードウェアやソフトウェアの変更のみならず、文書（SLAや組織図、設計、プロセス、トレーニング手順など）の変更も管理対象に含まれることに注意を払わなければなりません。文書の変更とは、すなわち自分たちが持つノウハウの更新を意味します。これらの変更がうまくいかなかったり、改善のつもりが改悪になってしまったりしては、ITサービスの品質に悪影響が出てしまいます。

そして4つ目は、変更にはささいな変更が含まれる、という点です。ささいな変更とは、ウィルス対策ソフトのパターンファイルのアップデート、プリンタのトナー交換、プリンタ用紙のメーカーの変更、新規ユーザアカウントの追加、などです。これらの変更は失敗しても顧客の事業やITサービスに多大な影響を与える可能性は少ないでしょう。しかし、変更として、少なくとも記録しておくのが望ましいと言えます。その理由は後述します。

誰かが何かを変更したいと強く願ったときにすべきことは、RFC（Request For Change：変更要求）を書いて提出することです。RFCは日本語を読んでおわかりになるとおり、ITサービスやサービス資産を変更したくなった際に記述し、提出する書類のことです。RFCの形式は問いません。紙の文書でもよいし、メールベースでもよいし、Webベースのフォームでもよいでしょう（口頭ベースで記録が残らないのは望ましくありません）。

変更管理とは

さて、これらの変更が滞りなく行えるように管理するためのプロセスが変更管理です。変更管理の目的は2つあります。1つは、提出されたRFCの妥当性

を検証し、その変更を許可、あるいは拒否することによって、本当に必要な変更だけが本番稼働環境に移行するようにすることです。そしてもう1つは、変更を効率的かつ効果的に実施するための標準的な方法・手順を確立し、変更に起因するサービス品質の低下を最小限にすることです。

　変更管理プロセスが発動するトリガ（きっかけ）は実に明確です。すなわち、新しいRFCが提出された時点で変更要求プロセスがスタートします。RFCは、変更管理プロセスの実行責任者である変更マネージャと呼ばれる人に提出されることになります。変更マネージャは、その変更が明らかに不必要なものであったり、荒唐無稽な変更であったりした場合には、ただちにそのRFCを拒否するか、または発案者に差し戻します。あるいは、その変更が明らかに必要で、かつ変更の失敗によるリスクが少ないような場合には、その変更を直ちに許可することもあるかもしれません。しかし多くの場合、この後に説明するCABを招集し、変更の許可、あるいは拒否を審議することになります。

変更の種類

変更には大きく3つの種類があります。

▶ 標準的な変更

　前述の、ウィルス対策ソフトのパターンファイルのアップデート、プリンタのトナー交換、プリンタ用紙のメーカーの変更、新規ユーザアカウントの追加、といったようなささいな変更のことです。しかし、これだけではあまり具体性がありません。ここでは、標準的な変更の定義を次のように決めましょう。

1. その変更を行ったり、変更が失敗したりする際のコストやリスクが小さい
2. 変更手順が確立されており、誰がやってもうまくいく
3. 比較的よく発生する

上記の3つの条件を満たす変更を「標準的な変更」と定義します。あれ？どこかで見たことがありますね。そう、第6章で紹介したサービス要求の定義と同じです。サービス要求は標準的な変更を伴う可能性が高いので、定義をわざと同じにしているのです。

　標準的な変更は、RFCを提出する必要はありません。現場レベルで短時間に実行できる標準的な変更に対してわざわざRFCを書いていたのでは、まるでRFCを書くことそのものが目的になっているようで、意味がありません。ただし、標準的な変更を実施したことは必ず記録しておくようにします。

　筆者の経験で、こんなことがありました。当時の筆者の職場には、高速に動作するレーザープリンタが1台ありました。導入して5年近くになりますが、今まで1度も壊れたり、紙詰まりを起こしたりしたことのない、信頼性の非常に高い機械でした。そんなプリンタがある日、初めて紙詰まりを起こしました。その紙詰まりを取り除いても、やはり数枚印刷すると紙詰まりを起こしてしまいます。おお、このプリンタも故障することがあるのか？　紙を送るローラーが摩耗したのか？　それとも、いよいよ寿命か？　筆者は、保守要員を呼んで修理してもらうことにしました。

　さて、保守要員の方がやってきました。彼はプリンタを一目見るなり、私たちにこういう質問をしました。

最近、紙の供給元を替えましたか？

　職場のスタッフがはっとして、過去の標準的な変更が記録されている台帳を確認しました。すると、紙詰まりが頻発するようになったちょうどその頃、紙を1段階値段の安い（少し薄い）ものに変更していたことがわかったのです。これが、紙詰まりが頻発する原因だったとは…。さっそく元の紙に戻してみたら、紙詰まりは見事に出なくなりました。プリンタ用紙のベンダを変えたり、プリンタ用紙そのものを変えたりするのも、立派な「標準的な変更」です。標準的な変更でさえ、きちんと記録しておくことに意味があるのです。

➡ 緊急の変更

　名前のとおり、今すぐ変更しないとITサービスの品質に致命的な影響があったり、顧客の事業に対して多大な損失が見込まれたりするような変更のことを言います。緊急の変更は、たいてい重大なインシデントや大規模災害などに紐づきます。冒頭のエピソードも、酸素タンクの爆発によって計画とおりの飛行ができなくなった、という重大なインシデントに紐づいています。

➡ 通常の変更

　標準的な変更にも緊急の変更にも該当しない変更が、通常の変更です。わかりやすいですね。

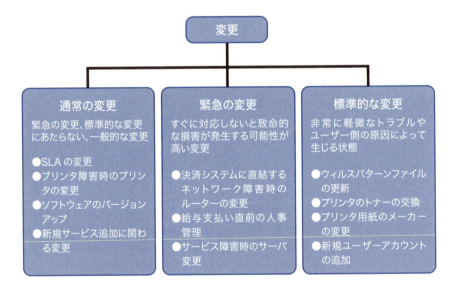

変更に関する重要な用語

　ここで、変更に関する重要な用語を3つ紹介しておきましょう。

➡ 変更の7つのR

　提出されたRFCが妥当なものであるかどうかを吟味するためには、7つの質問を行います。その7つの質問とは、次のとおりです。

- 変更を提起したのは誰か？（Raised）
- 変更の理由は何か？（Reason）
- 変更の見返りは何か？（Return）
- 変更に伴うリスクは何か？（Risk）
- 変更に必要なリソースは何か？（Resource）
- 変更の実行責任者は誰か？（Responsible）
- その他の変更との関係は何か？（Relationship）

　これらの質問に対して適切な回答が得られない場合は、その変更は妥当な変更ではない可能性があります。逆に、これらの質問に対して妥当な回答が得られれば、その変更は吟味の対象になりえる、ということです。

➡ CAB（Change Advisory Board：変更諮問委員会）

　提出されたRFCが事業や技術、財務の観点から妥当かどうかを評価し、変更を許可するかどうかの判断を行う会議体のことです。RFCを受け、必要に応じて変更マネージャが召集します。

　CABは事実上、変更の認可を最終的に決定する役割を果たします。Advisoryの語源であるadviseは、日本語化しているアドバイスという言葉の意味よりも強い、忠告とか勧告、あるいは相手によく考えさせる、というような意味を持ちます。

　CABのメンバには、次のような人を加えることになるでしょう。

- 変更マネージャ（会議の議長も務める）
- 顧客の代表
- ユーザの代表

CHAPTER

14

変更管理

213

- 技術的専門家（ITサービス・プロバイダ側のITスタッフなど）
- ITサービス・プロバイダのトップマネジメント（必要であれば）
- 財務マネージャ（変更に多大なコストがかかる場合）
- サプライヤ（必要であれば）
- サービスデスクのスタッフ（必要であれば）

　緊急の変更を審議する場合、通常のCABのメンバが迅速に集まれない場合もあります。そのようなときのために、決定権のある数名のメンバだけを招集する会議体も併せて決めておいたほうがよいでしょう。緊急の変更のためのCABのことを、ECAB（Emergency　Change Advisory Board：緊急変更諮問委員会）と言います。

⊙ 変更許可委員

　最終的に、変更の許可、あるいは拒否を決定することに責任を負う人のことです。

　CABに「Advisory：諮問」という用語が用いられているのは、CABはRFCの許可／拒否に対する現実的な決定を下すものの、CABがその責任を負うわけではない、ということです。そもそも会議体が責任を負うというスタイルを取ると、結局その会議体に参加するメンバが誰も責任を取らない、という事態に陥ります。変更許可委員が独断でCABの決定内容を覆すことはないでしょうが、決定に関する最終的な責任は変更許可委員という1人の人が持つ、という意味として捉えています。

　変更許可委員は、たいてい変更マネージャが務めることになります。しかし、事業側やITサービス・プロバイダ側に極めて多大な影響が出る可能性のある変更を許可するような際には、ITサービス・プロバイダのトップマネジメントが変更許可委員として振る舞う場合もあります。

『アポロ13』における事例

　ではここで、映画『アポロ13』における、変更管理の事例を見てみましょう。
　冒頭で紹介したエピソードは、飛行計画の変更という、極めて緊急な変更に対して行われているECABである、と考えられます。ジーン・クランツが「この飛行計画は忘れよう」と言った瞬間、ジーン・クランツから（文書化されていないものの）RFCが提出されたとみなすことができます。
　この場合における、「変更の7つのR」について考えてみましょう。

⇒ 変更を提起したのは誰か？（Raised）

　「今から新しいミッションが始まると思え」と周りに呼びかけた、ジーン・クランツが提起人であると考えるのが妥当でしょう。

⇒ 変更の理由は何か？（Reason）

　アポロ13号は、酸素タンクの爆発によって大半の電池と酸素を失いました。当然、月面着陸は中止です。それどころか、このままでは3人の宇宙飛行士の命もままなりません。宇宙飛行士の人命を守るために、この変更は必須です。

⇒ 変更の見返りは何か？（Return）

　変更に成功すれば、3人の宇宙飛行士を無事に地球に帰還させることができます。おそらくジーン・クランツの頭の中はそのことでいっぱいだったでしょうが、実際には「NASAの危機管理レベルの高さを内外（特にソ連）に見せつけることができる」、「国家の威信をかけたプロジェクトを頓挫させてしまうことを防ぐ」といった見返りも考えられるでしょう。

⇒ 変更に伴うリスクは何か？（Risk）

　ここでは、2つの大きなリスクが話し合われています。

1つは、Uターンさせるために支援船のSPSエンジンを点火させると爆発してしまうかもしれない、というリスクです。もし本当に支援船のエンジンが爆発すると、もう帰還どころではありません。

もう1つは、自由帰還軌道に乗せて帰還させると4日もかかってしまい、生命維持が困難である、というリスクです。まさに、船だけ帰っても意味がありません。

➡ 変更に必要なリソースは何か？（Resource）

ここでのリソースとは、一般に言うところの「ヒト、モノ、カネ、情報」です（ITの世界では、モノとはハードウェアやソフトウェアのことを指します）。

ヒトとしては、新しい帰還計画を立てるためのエンジニアが必須です。自由帰還軌道を計算するためのエンジニア、軌道補正のプロセスを考えるエンジニアなどが必要になります。司令船のコンピュータを再起動させるため、ケン・マッティングリーにも登場してもらう必要があるでしょう。

モノの代表は、月着陸船や司令船のシミュレータです。この時点では「着陸船が救命ボート」になっています。月面上で2人が2日間程度稼働するためだけに設計した月着陸船を使って、3人を4日間もの間延命させる必要があるわけです。それを実現するために月着陸船の生命維持機能をシミュレーションする必要が出てくるでしょう。司令船は映画にも登場したとおり、司令船のコンピュータをどのようにして再起動させるか、ということをシミュレーションするのに使われます。

➡ 変更の実行責任者は誰か？（Responsible）

これは言うまでもなく、ジーン・クランツです。NASAでは、飛行ミッションが始まったとき、ほぼすべての権限がフライト・ディレクターに委譲されます。彼の決定はNASAの長官ですら、アメリカ大統領ですら覆すことができないのです。

⮕ その他の変更との関係は何か？（Relationship）

　映画では、飛行計画の変更が、ほかのさまざまな変更を余儀なくさせています。とはいえ、この時点では、この飛行計画の変更があまりにも大きすぎて、その他の変更がほとんど語られていません。

　実際のITサービスの現場では、サーバの変更というRFCを許可するのであれば、別途提出されているサーバへのメモリの追加というRFCは拒否すべきである（サーバそのものを変更するのだから、その変更に統合してしまう）、というふうに考えていきます。

　結局ジーン・クランツは、宇宙船を自由帰還軌道に乗せて返すというアイデアを採用しました。これには2つの理由があります。

　1つは映画でも語られていたとおり、支援船のエンジンを使うべきではない、と判断したことです。

　そしてもう1つは、NASAにおける、緊急事態が発生したときの方針によるものです。そのNASAの方針とは、次の2つです。

- できるだけ時間を稼げる方法を採用すること
- その後で事態が悪化するようなことが発生したとしても、できるだけ選択肢が多く残るような方法を選ぶこと

　このように、迷ったときによりどころとなる方針をあらかじめ決めておくことも大切です。

映画に見られる、その他のエピソード

　変更管理の目的は2つある、とご紹介しました。ここまでは、その1つ目の目的であるRFCの妥当性を検証し、その変更を許可、あるいは拒否するというお話をしました。ここでは、もう1つの目的である、変更を効率的かつ効果的に実施するための標準的な方法・手順を確立する、という観点に注目します。

　そのために、冒頭で紹介したものとは異なるエピソードをご紹介しましょう。

| Scene Time | → 1:49'40"- |

　もう時間がない。

　月着陸船を救命ボートにして、ようやくここまでこぎつけた。いよいよ最後の段階、大気圏再突入だ。しかし、そのためには司令船のコンピュータを再起動しなければならない。よもや、宇宙空間で司令船のコンピュータを停止させるなど夢にも思っていなかった。司令船に搭載されているわずかなバッテリーだけで、どうやってコンピュータを起動するか。ケン・マッティングリーとジョン・アーロンが、不眠不休でその手順を確立しようと奮闘している。

　ケンが、G/N Power と書かれたスイッチを入れる。司令船シミュレータの計器パネルに明かりが灯った。

　「I.M.U　アップ」

　ケンが手順を1つ1つ口に出しながら操作する。しかし、ケンが気がかりなのは、自分の手順に間違いがないかどうか、だけではない。20アンペアという限られた負荷の範囲に収めないと、起動は失敗する。電流計とにらめっこしているジョン・アーロンに、ケンが尋ねた。

　「どうだ?」
　ジョンが答える。
　「今のところOK」
　しかし、シミュレータ内にいるケンには聞こえなかったようだ。
　「なに?」
　ジョンの隣にいたスタッフがそれに答える。
　「大丈夫だ、続けろ」

その声を聴いて、ケンが作業を続ける。ここまで何度も何度も手順を変え、最適な方法を模索してきた。今度の手順ならいけそうだ。ケンが黙々と、しかし確実にその手順をさらっていく。

「よし…　と・・　フラッド・ライト　オン」
　暗かった司令船シミュレータの中が明るくなった。照明がついたのだ。それと同時に、電流計の針が示す値も上がっていく。

「次は…　誘導コンピュータだ」
　ケンの作業を、ジョンたちもかたずを呑んで見守る。
「いくぞ…　C.M.C. ATT I.M.U」
　自分が行う手順を、1つずつ口に出しながら行っていくケン。
「C.M.C. 電源」
「C.M.C. モード・オート」
「コンピュータ オン」

　これで…、コンピュータが起動したはずだ。ジョンがにらみつけている電流計の針は、20アンペアのほんの少し下を指したままだ。それでもなお、注意深く針をにらみ続けるジョン。本当に、コンピュータは起動できたのか？ジョンがケンに声をかける。

「ケン？」
「なんだ？」
「起動しました？」
「動いてる。で、どうだ？」

CHAPTER

14

変更管理

219

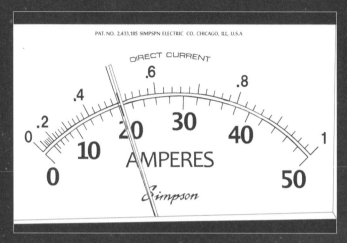

20アンペアをわずかに下回る電流計の針

ジョンは、まだ針を見続ける。本当に20アンペアを超えないのか。針は、わずかに震えながら、それでも20アンペアを超えることはない。

ジョンからの返事がない。ケンが再度、ジョンに呼びかける。
「ジョン？」

その呼びかけに答える形で、ジョンが立ち上がる。
「これで行きましょう！」

できた…、やっと手順を見つけた。ケンが安堵のため息をもらした。

➡ エピソード解説

　これは、ケン・マッティングリーが司令船コンピュータの起動手順を確立する、非常に重要なシーンです。映画ではケン・マッティングリーが立役者であるかのように語られていますが、史実ではケン・マッティングリーだけでなく、ジョン・アーロンをはじめとする技術者全員がさまざまなアイデアを出し合いながら手順を生み出していったようです。

　このような、変更を確実に実施するための手順を確立するのも、変更管理の重要な役割です。映画の中ではジョン・アーロンが「**これで行きましょう！**」とすぐに席を立っていますが、実際には成功した手順を何度も繰り返してみて、偶然成功したのではない（その手順で確実に変更が実装できる）ことを確認しているはずです。映画ではそのことが省略されていますが、シーンが変わって次の場面では、ヒューストンの管制センターに到着したジョン・アーロンがジーン・クランツをはじめ複数のスタッフに、確立した手順を記したドキュメントを手渡しています。（余談ですが、この時代はまだタイピストという職業があり、ドキュメントの清書は、タイプライターを高速に打鍵する技能を磨いたタイピストの仕事だったのです。そういう意味では、コンピュータの普及は、タイピストから仕事を奪う結果になった、と言えます）。このドキュメントは、同じ手順を何度も繰り返して確かめ、確実にうまくいくことが確認できた上で作成されたもの、と考えるのが妥当です。

　誤りのない手順を確立する。この、当たり前だけど難しいことに、どれだけのコストやリソースを割くことができるか。これが、変更の成否を決定づけると言っても、過言ではないでしょう。

CHAPTER

15

「こちらヒューストン。 打ち上げ準備完了です」

Launch control,
this is Houston. We are go for launch.

リリース管理

予定された変更を計画通りに本番環境に移行することを
「リリース」と言います。
リリース活動もまた、計画を立てて実行しないことには、
顧客やユーザが未知のインシデントに悩まされる結果になります。
「計画通りにことを運ぶ」というのは、
簡単なようで、実は難しいものなのです。

Scene Time → 0:32'27"-

　アポロ13号の打ち上げまで、いよいよあと数分に迫ったヒューストン管制センター。否が応にも緊張感が高まってくる。今回のミッションの総司令官、フライト・ディレクターであるジーン・クランツは、自席でタバコの煙を勢いよく吐き出し、コーヒーを少しだけ口に含んで喉を湿らせると、管制センターのスタッフに向かって、こう切り出した。

「アポロ13管制官諸君、いいか。最終確認を取る」

　いよいよ打ち上げ（Launch）である。この時点でスタッフ全員の準備が完了していなければ、先に進むことはできない。

「ブースター」

　これは、エンジンを管理する担当のスタッフに対して、準備ができているかどうかを尋ねているのである。準備完了であれば「Go」、まだ準備ができていなければ（この時点でそれはあり得ないはずなのだが）「No Go」と返事をする決まりになっている。

「Go」

　エンジン担当のスタッフの準備はできているようだ。スタッフに対する確認が、次々と行われる。

「逆噴射」	「Go」
「燃料」	「Goですフライト」
「誘導」	「誘導Goです」
「医療」	「Goだ」
「環境」	「はいGoです」

「航法」　　　　　「Goです」
「遠隔」　　　　　「Go」
「制御」　　　　　「Go」
「進行」　　　　　「Go」
「計測」　　　　　「Go」
「飛行管理」　　　「Goです」
「ネットワーク」　「Go」
「回収」　　　　　「Go」
「交信」　　　　　「Goです、フライト」

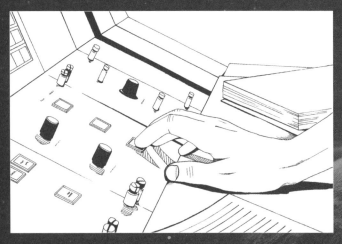

準備完了時に操作するボタン

　ヒューストン管制センターにおける、すべての準備が整った。ジーン・クランツは、そのことをサターンV型ロケットが打ち上げを待つ、フロリダのケネディ宇宙センターに伝える。

「こちらヒューストン、打ち上げ準備完了です」

リリースとは

　変更管理で計画した変更内容は、本番稼働環境に確実に反映させ、変更に起因する未知のインシデントを最小限にしなければなりません。そもそも、変更による負の影響から本番稼働環境を守る、というのが変更管理の目的です。

　変更内容を本番稼働環境に反映させることをリリースと言います。ITILでは、リリースと展開とを分類して考えています。プロセスの正式な名称も「リリース管理及び展開管理」です。しかし、筆者はリリースと展開の違いに目くじらを立てる必要はあまりないのではないか、と考えています。そこで本書では、リリースと展開とを区別せず、すべてリリースという言葉を用いています。プロセスの名称も、あえてリリース管理という名称を用います。

　さて、リリースを理解する上で知っておかなければならない概念、用語があります。

◉ リリース・ユニット

　これ以上分割できないひとかたまりのリリースの単位を、リリース・ユニットと言います。

　たとえば、あるアプリケーションAには、初期バージョンに不具合があることが判明しており、すでにその不具合を修正するためのパッチが発表されている、とします。すると、アプリケーションAを本番稼働環境にリリースするには、初期バージョンのインストールに加え、その修正パッチの適用が欠かせません。この場合、初期バージョンと修正パッチとを組み合わせたものがひとかたまりのリリース、すなわちリリース・ユニットとなるわけです。また、複数のアプリケーションが最初からひとかたまりになっているスイート製品も、それ全体で1つのリリース・ユニットです。Microsoft Officeはそういった意味でリリース・ユニットの典型例でしょう。WordやExcelなどを単体でリリースすることは、まずありません。

➡ リリース・パッケージ

　1回のリリースで展開する、1つ以上のリリース・ユニットの集まりを、リリース・パッケージと言います。

　たとえば、Microsoft OfficeとAcrobat Readerとを1回のリリース作業でリリースするならば、Microsoft Officeのリリース・ユニットとAcrobat Readerのリリース・ユニットとを組み合わせて、リリース・パッケージになるのです。もちろん、1つのリリース・ユニットだけでリリース・パッケージを構成する場合もあります。

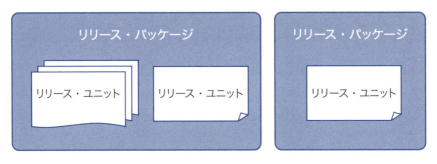

リリース・ユニットとリリース・パッケージ

リリース管理とは

　リリース管理とは、変更管理で承認されたRFCに対する変更を、ビジネス的な観点においても技術的な観点においても確実に実装し、本番稼働環境を未知のインシデントから守ることです。そのためには、次のようなことに責任を負います。

➡ 確実なリリース計画の策定

　本番稼働環境に悪影響が及ばないようなリリース計画（たとえば、利用者の少ない夜間や土・日にリリースするとか、顧客の事業が大きく変化する4月1日に間に合うようにリリースするとか）を立てることです。また、複数の変更

が計画されている場合は、どの変更から順にリリースするか、どのリリース・ユニットをリリース・パッケージとしてひとかたまりにするか、といったことも計画します。

テストの実施

変更管理で確立したはずの手順に誤りがないか、その手順で確実にリリースできるかテストします。理想は、本番稼働環境と同じ構成のテスト環境を構築し、その環境でテストを行うことです。

修復（切り戻し）計画の策定

万が一リリースの手順に不具合があったり、不測の事態でリリースを継続することが困難になったりした場合は、本番稼働環境を元の状態に戻さなければなりません。この、元の状態に戻すことを修復（または切り戻し）と言います。変更が実装できない、元の状態にも戻れない、という事態は絶対に避けなければなりません。そのためにも、綿密な修復計画を立てる必要があります。

また、修復を決断するタイミングや、その責任者なども決めておきます。たとえば、顧客の事業が朝10時から始まり、なおかつ修復に4時間かかることがわかっている場合は、遅くとも6時には修復を決定しなければならないでしょう。

確実なリリースの実施

計画どおりにリリースを実施すること、これが最も重要です。特に、コストや時間、リリースを行うスタッフのスキルや人数などが不足することによってリリースに支障が発生することは避けなければなりません。

ユーザやスタッフの教育やトレーニング

新たにリリースしたサービスやハードウェア、ソフトウェア、プロセスなど

をユーザに理解してもらうための教育やトレーニングも、リリース管理の責任範疇です。

ちなみに、ITILでは教育とトレーニングを分けています。教育とは認知させることで、今回の変更がなぜ重要なのか、今回の変更によって何が変わるのか、どういった注意点があるのか、ということを知らしめ、理解を得ることを言います。一方トレーニングとは、リリースしたサービスやソフトウェアなどの使い方を教え、使いこなせるよう導くことを言います。

ユーザの教育やトレーニング同様、ITスタッフやサービス・スタッフの教育やトレーニングも、必要に応じて行います。

『アポロ13』における事例

ではここで、映画『アポロ13』における、リリース管理の事例を見てみましょう。

冒頭のエピソードは、アポロ13号のロケットが打ち上げられる直前の、ヒューストン管制センターの様子です。すべての準備が整ったかどうかを、フライト・ディレクターのジーン・クランツが1つずつ確認しています。各スタッフは、自分の役割が呼ばれたらGo（またはNo Go）と合図し、もしGoであれば手元のスイッチを押します。すべての役割がGoになれば、ヒューストン管制センターが完全に準備完了となったことを意味します。

これは非常に単純なことなのですが、しかし同時に非常に重要なシーンです。ITサービスの現場で、これほど慎重に、かつ幾重にも、準備完了かどうかを確認することがあるでしょうか。もちろんITサービスの現場とアポロ計画とでは、その重みも、かかっているコストも異なります。しかし、だからといって準備完了かどうかの手順をおろそかにしてよい、ということではないはずです。また、そもそも今回のミッションがアポロ13号なのですから、これまでも何度も同様の手順を踏んできたはずなのですが、それでも彼らはリリース（ここではロケットの打ち上げ）の失敗が起こらないよう、自分たちの準備が完了しているかどうかを入念に確認しているのです。

映画全体を通して見てみると、彼らの作業は、すべて「手順を声出し確認しながら」行っていることがわかります。特に重要な操作ほどその傾向が顕著です。自分の手順を間違えないように、確実に行うためにそうしているのでしょう。ITサービスのリリースの現場でも、これぐらいのことはやってもいいような気がします。恥ずかしい？　いえいえ、アポロ計画では全員がこれをやっているのです。ITサービスの現場でも、全員が声出し確認しながら作業を行えば、決して恥ずかしいことはありません。

映画に見られる、その他のエピソード

さてここで、映画の中で語られている、それ以外のリリース管理に関するエピソードに触れておきましょう。

映画が始まって11分12秒ほどで、ケン・マッティングリーが司令船と月着陸船とをドッキングさせるための訓練をしているシーンがあります。これらの訓練は、「本番でも確実にうまくいくように」入念なテストをしていると解釈することもできるでしょう。この訓練で地上スタッフは、「**スラスター（推進装置）をいくつか切ってみよう。さぁ、どうする、ケン**」と、わざと訓練メニューにない「いたずら」を仕掛けています。これは、ケンを困らせるためでも、スタッフの茶目っ気でもありません。ケン・マッティングリーと交替したジャック・スワイガートに対しても、訓練メニューを本人たちに内緒で変更し、「**突入面でニセの表示灯をつけ**」ています。もちろん、これも新人のジャックを困らせるためにしたわけではありません。未知の宇宙空間では、何が起きるかわかりません。不測の事態が発生しても冷静に対応できるように訓練しているのです。

さて、ITサービスのリリースをテストする場合、すべてうまくいく、という想定のテストだけをやっていませんか。私たちはアポロ13号の事例に見習い、何かがうまくいかなかったときを想定したテストも必要なのではないか、と考えます。開発の現場では、操作やデータの正常系テストに加え、異常系テストも行うことが一般的になっています。ぜひ、リリースのテストにおいても、

うまくいかないときのテストも同様に行うようにしてください。

　また、変更管理の章でご紹介した、ケン・マッティングリーが司令船コンピュータ再起動の手順を探るシーンも、見方を変えると「リリースのテストをしている」と捉えることができます。

　アポロ計画では、司令船のコンピュータを途中でシャットダウンすることは予定にありませんでした。しかし、支援船・司令船の圧倒的な電力不足でそれを余儀なくされたのです。司令船コンピュータを宇宙空間で再び起動する。そのこと自体が「緊急の変更」でした。しかも、再起動の手順を探るのは待ったなしです。上記のシーンの直前に、ジーン・クランツが「早く司令船立ち上げの手順を出せ」と部下の尻を叩いていることからも、それは明らかです。その一方で、この手順を本番で実施することができるのはただ1度しかありません。失敗は宇宙飛行士の死を意味します。やり直しはききません。だからこそ、時間に余裕がない状態であっても、入念にテストを行い、ただ1度のチャンスを確実にモノにする必要があったのです。そう考えると、司令船コンピュータ再起動の手順は、何度もテストされ、その確実性が保証された状態で現場に持ち込まれたに違いありません。

　おそらく、この手順を確立する中で、「操作パネルが水滴だらけになる」ことは想定済みであったことが考えられます。そもそもケン・マッティングリーが司令船コンピュータ再起動の手順を探るために現場に召喚された際、スタッフに「シミュレータを暗く寒く、アポロと同じ状態にしてくれ」と頼んでいます。これは、シミュレータに、機内を寒くする機能があることを意味しています。NASAあなどるなかれ、です。ということは、このときのシミュレータ内の操作パネルにも結露による水滴がついたはずで、彼らはそれを認識していたに相違ありません。と同時に、その状態でパネルを操作してもショートしないことも同時に確認していたのではないでしょうか。映画の中では、心配するジャック・スワイガートに「不安は1つ1つ解決していこう」とごまかしていますが、史実ではここまで忠実にテストしていたと考えられます。これもまた、アポロ計画によって私たちが勉強させられる1つなのです。

第6部
継続的サービス改善

「測定できないものは管理できない」という言葉をドラッカーが言ったかどうかはともかく、確かに測定できないものは管理できず、管理できないものは改善できません。正しく測定し、正しく管理し、正しく改善することは、目的の達成には欠かせないでしょう。

CHAPTER
16

アポロ計画は改善のかたまり

継続的サービス改善

もちろん、改善そのものが目的ではありません。
顧客の事業達成に貢献できるような
IT サービスを提供することが目的であり、
その目標を達成するために必要なのが改善です。
そしてこの改善活動も、
きちんとステップを踏んで取り組む必要があります。

継続的改善とは

　ITILは、5冊の書籍で構成されています。そのうちの1冊は「継続的サービス改善」という本です。改善そのものについて、まるまる1冊を要して触れています。

　サービスは日々継続的に行われますし、顧客の事業における状況の変化やテクノロジの進化はとても早く、IT部門（ITサービス・プロバイダ）や外部のITベンダー（外部サプライヤ）のスタッフや組織などもどんどん変化していきます。継続的改善は、変化する顧客事業に価値を提供し続ける上でも、競合するITサービス・プロバイダに負けないためにも、大切な取り組みです。

KPIの策定

　KPIを適切に設定することによって、現状を可視化して正確に把握すること、過去から現在までの比較評価に基づいて適切なアクションを実施し継続的改善を確実にすること、IT戦略やSLAにおいて設定したサービス目標の達成度合いを確認すること、などが可能になります。

　おっと、その前にKPIについて触れておかなければなりません。
　KPI（Key Performance Indicator：重要業績評価指標）とは、目標を達成する（ITSM的にはSLAを遵守する）ために測定・評価するための指標のことです。
　たとえば、最近筆者はちょっとお腹の肉が気になりだしています。このままでは生活習慣病になる可能性が高くなるばかりでなく、今まで着ていたお気に入りの洋服が着られなくなるかもしれません。事実、健康診断でメタボ気味である、と診断されてしまいました。食事指導までされる始末です。そこで、ダイエットをすることにしました（本来「ダイエット」とは健康を目的とした食事制限のことを指すのですが、最近はもっぱら「無駄なぜい肉を落とす、意図的に痩せる」という意味全般で使われていますよね）。

　目的：健康な生活を維持する。または理想の体型に戻す
　目標：現在よりも体重を5kg落とす、かつ体脂肪率を25%以下にする

このような目的・目標を立てて、いざ、ダイエット。目的と目標については、第3章を参照してください。

さて、どうすれば体重を5kg落とす、あるいは、体脂肪率を25%以下にすることができるでしょうか。このときに大切なのは、「いきなり行動計画に手を出してはいけない」ということです。まずは、「これが達成できたら目標が達成できるはずだ」という、目標達成のための評価指標を決めるのです。それがKPIです。

ダイエットのKPIとしては、次のようなものが挙げられるでしょう。

- 1日の摂取カロリー 1,600kcal以下
- 1日あたりの間食の回数1回以下
- 1週間あたりの外食の回数3回以下
- 1日の消費カロリー 2,000kcal以上
- 1日の歩数1万歩以上
- 1日の走行距離10km以上
- 1週間あたりの「1日の走行距離10km以上」を達成する回数2回以上

など　（注：数字は適当です）

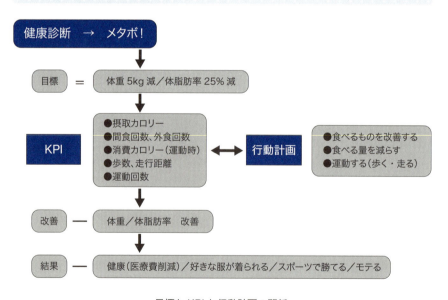

目標とKPIと行動計画の関係

目標やKPIは、具体的であり、達成できたかどうかの指標がはっきりしており、かつ現実的でなければなりません。KPIはSMARTに作るとよいでしょう。SMARTとは、以下の頭文字をとったものです。

- Specific 具体的で、達成指標が明確であること
- Measurable 測定可能であり、なおかつ測定が容易であること
- Achievable 達成可能であり、自分たちの能力に即していること
- Realistic 現実的であり、目標と正しく関連づいていること
- Time bounded 時間的制限があり、期限が決められていること

時間的制限とは、「いつまでに」とか「どれくらいの期間で」というような意味です。今回の例では、「1日あたり」という部分がそれにあたります。

次に、このKPIを達成するために何をすべきか、ということを考えます。それが行動計画です。行動計画は、KPIを設定し、そのKPIを達成することを目的として作っていくのです。

作成した行動計画に基づいて実際に行動し、その結果をKPIを基に測定します。KPIが達成できていなければ、行動計画を見直します。KPIを達成し続ければ、目標が達成できるはずです。もしKPIを達成し続けても目標が達成できない場合は、KPIそのものが不適切である可能性があります。その場合は、KPI自体を見直しましょう。

KPIが多すぎると、「測定のための測定」になってしまい、望ましくありません。日々のオペレーションにおいては、10個以下のKPIを設定するのが現実的です。また、いったんマネジメント層においてKPIが設定されると、実務者であるITスタッフが「そのKPIを達成するためのブレークダウンされたKPI」を設定し、そのKPI達成のための行動計画を立て、行動していくことになります。

さて、KPIに対する、SMART以外の注意点には、次のようなものがあります。

➡ 事業戦略との整合性を証明する

ITサービスは、あくまでも事業戦略を支援するものでなければならず、顧客の事業目標を達成可能にするものでなければなりません。したがって、KPIと事業目標、及びその大元である事業戦略との整合性が取られていることを証明する必要があります。

➡ セキュリティが担保されていることを証明する

ここでいうセキュリティとは、ITサービス自身や、ITサービスが保持しているデータに対する機密性、正確性、可用性のことを言います。これはセキュリティの3要素であり、ITILでもConfidentiality、Integrity、Availabilityとして定義されています。

顧客の事業の健全な成長と将来に向けた持続は、セキュリティを確実に担保するところから始まると言えます。セキュリティは顧客の事業目標達成に欠かせない重要な要素です。

➡ IT部門のパフォーマンスを証明する

KPIを達成することで、IT部門のスタッフが十分にパフォーマンスを発揮するようになり、サービスにより高い価値を見出すことができるようになる、ということを証明する必要があります。KPIの達成がIT部門のパフォーマンス向上につながっていない場合、それは望ましいKPIであるとは言えません。

KPIの例

ここで、KPIの例をご紹介しましょう。ただし、これはあくまでも一例であり、数値もサンプルです。事業規模やユーザ数、IT組織の規模、使用しているテクノロジなどによって、数値はさまざまに変わります。

項目	危険値	目標値	範囲
1. 一次解決率（最初の対応で解決できた割合）	<65%	85%	0-100
2. 一次電話対応平均時間 （状況把握や解決等にかかった時間の平均）	>20 min	10 min	99999
3. 間違った担当者へのアサイン率 （たらい回しにしてしまった割合）	30%	20%	0-100
4. 優先度毎の目標時間内解決率	<90%	95%	0-100
5. 優先度毎のインシデントの総数	>20	10	99999
6. MTRS（サービスが回復するまでの平均時間）	>30 min	20 min	99999
7. インシデントに起因するビジネス阻害時間	>2 hour	1 hour	99999
8. 優先度（重・中・軽）設定の間違い率	60%	40%	0-100
9. 顧客満足度	<3	4	0-5
10. インシデントに起因するビジネス損失額	>10Myen	5Myen	99999
11. 社外のお客様に影響を与えたインシデントの数	>10	5	99999
12. FAQによってユーザ自身によって解決された インシデントの数	<5	10	99999

インシデント管理における KPI の例

項目	危険値	目標値	範囲
1. 受け付けたコールの数 （エージェント毎／部門毎／アプリケーション毎等）	>100	60	99999
2. エージェント毎の一次解決率	<50%	85%	0-100
3. 平均一次解決時間	>30 min	10 min	99999
4. 二次、三次サポートへエスカレーションされた コールの割合	>40%	30%	99999
5. 顧客満足度	<3	4	0-5
6. FAQアップデート数	<10	25	99999
7. FAQアクセス数	<20	50	99999
8. 間違った担当者にエスカレーションしたコールの割合	>15%	5%	0-100
9. リクエストのバックログ数（平均放置日数）	>5%	3%	1-100
10. 着信から応答までの平均時間	>20 sec	10 sec	99999
11. Webインターフェースで受け付けたコール数	<10	15	99999

サービスデスクにおける KPI の例

項目	危険値	目標値	範囲
1. 解決された問題の数	<10	20	99999
2. 既知のエラー情報によって解決されたインシデントの数	<20	50	99999
3. インシデント数	>400	200	99999
4. インシデントに起因するビジネス阻害時間	>2 hour	1 hour	99999
5. 問題の数と、問題管理プロセスから挙げられたRFCの数の割合	<40%	60%	0-100
6. オープンされたままの問題の割合	>40%	30%	0-100
7. 平均問題解決時間	5days	3days	99999
8. 目標時間内に解決できなかった問題の割合	>40%	20%	0-100
9. 根本原因、解決策がユーザへのトレーニングだった数	>5	2	99999

問題管理におけるKPIの例

サービスは改善とともに見直される

　映画『アポロ13』では、ケープケネディ（現ケープカナベラル、発射台がある場所）やヒューストン（管制センターがある場所）などで多くの人々が働いているのがわかります。特にヒューストンの管制センターでは、ざっと100名近くのスタッフが監視や分析、確認や指示の活動を行っていました。

　ところでみなさんは、ニュースなどで近年の管制センターの映像を見たことはありますか？　スタッフの数が激減し、ほんの数人といったところです。これはテクノロジの発達のみならず、プロセスとテクノロジの組み合わせとその改善によって人員が削減され、信頼性と可用性が向上した結果であると言えます。すなわち、ビジネス状況やその目的、ライバルの存在とその動向によって状況はどんどん変化します。その変化に伴ってKPIが見直されるとともに、継続的改善が行われていく、ということです。

　それでは、削減されたスタッフ達はどうなったのでしょうか？　推測の域を出ませんが、当時のアメリカだとやはりリストラでしょうね…。

　現在の欧米のIT部門では、ITサービスマネジメントへの取り組みは続けられており、テクノロジの進歩やプロセスの改善などによって人員は削減されて

います。しかし、それによって削減されたスタッフはリストラではなく、より価値を生む思考的、創造的な仕事へシフトする、ということが注力されるようになってきました。ITだけではできない、人の知恵が必要な仕事に向けられるようになったのです。

IoT、Cloud、Big Data、さらにはIndustory4など、いままでのITサービスマネジメントに加えてITを活用したビジネス革新へ時代が進んでいます。IT部門としては、ビジネス革新を主導できるスタッフの確保が必要になってきているのですね。日本においても同様の状況が始まりつつあるのではないでしょうか。

IT投資とROIとSLA

　IT部門や企業に属されている読者の方々は、さまざまなIT投資案件における予算の獲得に大変苦労されていると推察します。そして、IT投資を単にROI（Return On Investment：投資利益率）によって評価し、投資するかどうか決定することに、多くの疑問を感じている方もいらっしゃるのではないでしょうか。

　たとえば、ERPの導入について考えてみます。ERPそのものの投資は通常、事業側のマネジメント層によって決定されることが多く、ROIはそれほど重視されずに今後のビジネス推進に必要不可欠のものとして予算が計上され、獲得されています。
　一方で、ERPが稼働するネットワーク、サーバールーム、セキュリティ関連、そしてサービスデスクやインシデント管理、変更管理などの最低限のITサービスマネジメントに関しては、IT投資としてROIの算出が求められ、その数値が思わしくなければ予算の獲得が遅々として進まないことがあり得ます。筆者は、これって何かが間違っているのではないか、と考えています。

　そもそも、なぜこのような状況が作り出されてしまっているのでしょうか。

私見では、かつてのIT部門自体に問題があったのではないか、と考えています。何年も前から、IT投資に関する予算獲得の際に経理部門からROIの算出を求められ、IT部門は黙ってそれに従っていたのではないでしょうか。IT部門はコストセンター（金食い虫）だと思われてきた経緯があるのです。確かに20世紀の頃はそういう傾向がありました。また、ITの技術革新の適用がIT部門におけるコスト削減に直結していたと言えますし、ROIを算出してコストの正当化をすることも可能であったのは事実です。

しかし、時代は変わりました。IT部門のほぼすべてで効率化が究極まで進んだ現在、新たにIT投資をしてもほんの数%の効率化しか望めなくなってきました。効率化が鈍化したのではなく、（100%ではないにせよ）もう十分効率化され尽くしているのです。IT投資をしても、実質的にはコストはまったく減らない、という状況にまできています。IT基盤（インフラ）への投資をROIで評価するのは、もうナンセンスなのです。

ではこの状況をどうやって打開すればよいでしょうか。筆者は、事業部門や経理部門のマネジメント層とIT部門のマネジメント層とが妥当なコミュニケーションを行い、彼らのITリテラシー（ITに関する認識や知識）を高め、この状況を正しく理解してもらえるようにリードする必要がある、と考えています。そのきっかけとしてSLAを使うのです。

SLAが事態を打開できるカギになると考える理由は、次のとおりです。

1. SLAは顧客の事業責任者（実質的にはCEO）とサービスレベルマネージャ（IT部門）との間で策定するものであるため、SLAに関して議論する際に、事業側のマネジメント層とIT部門とが、ITSMについて真剣に話し合うチャンス（きっかけ）を作ることが可能です。もちろん、IT部門は、事業側に対してわかりやすい説明を準備する必要があります。
2. SLAについて議論することで、顧客に対してIT基盤のおおよその範囲や役割について説明する機会が作れ、その重要性を伝えることができ

ます。当然、難しいIT専門知識を使わずに説明し、理解してもらわなければなりません。

3. お互いの責任を明記し合うことによって、無駄なITサービスの冗長化やオペレーションを排除したり、ITサービスに対する過剰な期待を取り除いたりすることが可能になり、コスト削減につなげられます。これによって、顧客とのSLA策定を前進させやすくなります（これに関しては別途解説します）。

4. SLAをきっかけに、顧客とIT部門とのコミュニケーションをより活発にすることが可能となり、よりよい関係を構築することが可能になります。

5. SLAは一度策定したからといって終わりではなく、継続的な運用が必要です。顧客の事業が変わったり、ITを取り巻く環境が変わったりすれば、SLAを見直す必要があります。その都度、顧客とIT部門との間で継続的改善を議論することになり、振り返りの機会につながります。

このように、SLAは顧客（事業側マネジメント層）に対してITサービスを適切に理解してもらうための効果的な武器になるわけです。今や、事業側のマネジメント層と言えども、ITに対するリテラシーが低いままでは生き残れないという自覚を持っていただく必要があり、また先見の明があるマネジメント層は、すでにその自覚を持っているはずです。上手にSLAに対する興味を引き出し、策定のプロセスへ持ち込めば、ROIという間違ったコストの正当化を改められることができるでしょう。

SLAとコスト改善

SLAの話が出てきたついでに、SLAとコスト改善（コスト削減）との関係について触れておきましょう。すなわち、SLAを正しく取り扱うことが、コスト削減につながる、というお話です。

SLAの基本は、顧客とIT部門、双方の責任を明記することです。IT側としては、ITサービスの可用性、サービスデスク稼働時間、インシデント解決時間、エスカレーション・プロセス、といった役割と責任をSLAに明記します。一方、顧客側も、マスター・データの管理、新規ユーザ（実務者）の教育やトレーニング、CABへの出席、変更リリースの際の受け入れテスト等に責任を持ち、SLAに明記します。さらに、会社のリスク低減のためにBCPの策定も顧客の責任として実施する、ということも明記します。

　さて、第10章でもお話ししたとおり、残念ながら可用性は100％ではありません。これに関しては、いつも侃々諤々、喧々囂々の議論になる可能性があり、可用性100％を目指すべきではありますが、可用性は100％でないことが真実です。そのことを、顧客に理解してもらわなければなりません。そもそも、顧客の事業に可用性100％は本当に必要なのでしょうか。コンマ何秒を争う金融投資の世界や、航空機の制御、列車の制御のような人命に関わる世界であれば確かに可用性100％が求められるかもしれませんが、一般的な企業の通常業務の場合、可用性100％が必要であるとは言えないでしょう。

　本当に可用性100％を目指すならば、それなりのIT投資が必要です。一方、現実的な可用性（95〜98％程度）であれば、IT投資をそれだけ抑えることができます。現実的な可用性でよい、ということになれば、可用性100％を目指す仕組み（機器の冗長化や使用する機器の信頼性レベルなど）を見直すことになるでしょう。

　また、BCMの観点においては、継続性100％を目指せばホットスタンバイのDRサイトを作ることになるでしょう。しかし、もし48〜72時間以内の限定的なITサービスの復旧を基本に設計すればよい、ということになると、結果としてITサービスにかかる総費用は削減され、顧客の負担分も削減できます。顧客の事業は、天地がひっくり返るような大災害が発生したような場合でも100％の継続性が必要なのでしょうか。それとも限定的に最小限のサービスが提供されていればよいのでしょうか。

　SLA策定を通して、事業部門が求める可用性や事業継続性を最適化すれば、

それだけコストを改善（削減）することができるはずです。

　同様に、SLAを最適化することで、外部サプライヤとの間で締結するUCの内容が最適化できれば、高価で無駄な要求を削減できるかもしれません。結果として、外部流出費用を削減することが可能になります。
　たとえば、事業側が可用性100%を主張すると、どうしても外部サプライヤにも、サプライヤが提供するITサービスの可用性を100%にするよう要求する必要がでてきます。しかし、SLAを適切に見直したり、事業側に事業継続の準備ができていたり（たとえITサービスの可用性が100%でなかったとしても、手作業で必要最低限の業務を遂行するプロセスを整えるなど、事業側でITサービスの停止時における対策が整っていれば）、SLAに可用性100%を謳わなくてもよくなります。その結果、サプライヤに対する要求事項も低くなり、サプライヤに対する費用を削減することにもつながるのです。

もし、NASAがITILを参照していたら

　ではここで、映画『アポロ13』における、継続的改善の事例を見てみましょう。とはいえ、アポロ13号計画のところだけを取り出しても、継続的改善の例は浮き彫りにはなりません。ここは、アポロ計画全体を見渡す必要がありそうです。

　アポロ計画（宇宙開発）は、まさに継続的改善のプロジェクトと言えます。第3章でも述べた「Small Step Quick Win」の連続であり、その都度、結果を基に分析して改善を行い、次のステップに進むということです。数多く実施される宇宙飛行士のテストやシミュレーションの結果に基づく改善が、ハードウェア、ソフトウェア（ほとんど語られていませんが）、プロセスなどを対象に行われていた、ということは、映画を観ていると容易に推測できます。アポロ計画において月に人類を送り込む目標が達成されたのは、度重なる継続的改善が効果的に行われた結果である、と言っても過言ではありません。

まず、映画『アポロ13』から読み取れる、彼らが策定したであろうKPIを考察してみることにします。とはいえ、第9章でも考察したとおり、彼らが明確なSLAを締結していたとは考えにくく、SLAを遵守するために策定するKPIを持っていた可能性も非常に低いと言えます。実際に、KPIのリストに相当するようものがある、というようなことは映画の中の映像からはわかりません。おそらく、史実でもKPIに相当するものはなかったのではないか、と考えます。

　もし、NASAの職員がITILを参照していたら、間違いなくSLAを締結し、そのためのKPIを策定していたことでしょう。第3章で考察した彼らの目標は、次のとおりでした。

1. 1971年（ケネディ大統領が演説したときから10年以内）までに人類を月に送り、生還させる
2. 月の物質、石や土、できれば生物を持ち帰る
3. ロケット（大陸間弾道ミサイル）技術を向上させる（ソ連を上回る）

　この3つの目標を達成するために、多くのKPI測定値が存在することになったでしょう。ここではその一部を考察してみます。

1. 人材の充足率、定着率（空ポジションの数）
2. スキルセットの充足率
3. テスト、シミュレーションの回数
4. テスト、シミュレーションにおいて抽出、指摘された改善項目の数
5. サービス全体の可用性（冗長化の効果確認）
6. フェーズごとのスケジュール遅れ日数
7. 各フェーズ（1-12号）ロケット打ち上げの成功割合
8. マニュアル化されたプロセスや手順の数及びテスト、シミュレーションされた割合
9. プロアクティブなアクションによって予防できた不具合の数（発見された未知の根本原因）
10. 予算に対する支出の割合

11. ロケット、司令船などの設計変更の回数、費用、工数、日数

12. 特許取得の数

13. 共産主義国への情報流失

14. 顧客満足度

　上記はすべて、アポロ計画全体に対するKPIです。アポロ13号のことだけを指しているのではありません。

　いかがでしょうか。みなさんの推測の範囲内だったでしょうか。

Column

　ITSMの取り組みをされる多くの会社のIT部門で実際にある話です。プロジェクトとしてITILを適用しITSMをスタートさせたのですが、その後、思い描いた程の効果が出せていないというのです。

　原因は複数考えられますが、共通している原因としては、「プロジェクト」としてITILを適用したり、改善を試みたりしたときに、プロジェクトが終結した後でITSMが継続的に行われていない（プロジェクトの終結と共にITSMの活動もなんとなく終わってしまう）ことにあるのではないか、と考えています。

　一般にプロジェクトとは、「独自の製品、サービス、所産を創造するために実施される有期性の業務」と定義されています。これはプロジェクトマネジメントの教科書的な存在である、PMBOK（Project Management Body of Knowledge）Guideにおける定義です。すなわち、始まりがあって終わりがあり、独自の成果物を創造する活動がプロジェクトです。

　ITILを活用するために、あるいは業務プロセスを改善するために、プロジェクトを発足させたとします。プロジェクト・プランを策定し、デファ

クト・スタンダードのITILを参考に幾つかのプロセスを整備した上で適用し、テクノロジ・ツールの導入も行うのですが、それらの適用作業が終了した時点で、プロジェクトは終結となり、プロジェクト・チームは解散となります。そこから先は、いわゆるルーチンワーク、定常業務となるわけです。定常用務化された作業プロセスは、プロジェクトの予算で回すわけではありません。

しかし、実際には、定常業務化されたところから本当のITSMが始まります。インシデント管理や問題管理、変更管理などのプロセスを整備しても、それだけでは現状と大きく変わりません。KPIを設定し、日々のオペレーションの中でそれを測定し、あるべき姿とのギャップを捉えて、必要に応じて改善を施す。このサイクル（まさにPDCAサイクル）こそが重要なのです。継続的に改善を実行し続け、2〜3ヶ月経った頃からようやく目に見えて効果が現れてくるのが一般的な成功事例です。

改善活動の一環としてプロジェクトを発足させることはよいことです。しかし、プロジェクトだけで改善が実現するのではありません。プロジェクトでプロセスを整備したりツールを導入したりして、実際にはその後から本当の意味でのITSMが始まるのです。

もう1つ、重要なことがあります。それは「KPIと目標の両方を視野に入れる」ということです。

一度KPIが設定されると、「KPIを達成すること」そのものが目標になってしまう可能性があります。これには本当に気をつけなければなりません。筆者が聞いた話に、次のようなものがあります。

あるサービスデスクでは、顧客やユーザに対するインシデント解決時間が長すぎる、という問題を抱えていました。ユーザは待たされることで、満足度が低下している、というわけです。そこで、「インシデントの目標解決時間を2時間以内とする」というトップレベルのKPIが掲げられまし

た。それを実現するためのブレークダウンされたKPIがいくつか策定されたのですが、その中に「ITスタッフにエスカレーションせず、サービスデスクが自力で解決できるインシデントを全体の80%以上にする」という指標がありました。インシデント解決をITスタッフにエスカレーションしていると、どうしても解決時間が長くなります。自分たちで解決できるインシデントを増やせば、おのずと解決時間が短くなるだろうというわけです。

ところが…、サービスデスクのスタッフには、このKPIだけが告げられ、ハイレベルのKPIである「インシデントの解決時間を短縮する」という指標が十分に伝えられないまま、実際のオペレーションが始まってしまいました。いえ、実際にはちゃんと告げられていたかもしれません。しかし、現場で下位レベルのKPIが一人歩きを始めてしまったのです。サービスデスクのスタッフは、とにかく自力で解決できるインシデントの割合を増やさなければならないと躍起になり、本来であればITスタッフに機能的エスカレーションをしなければ解決できないであろう複雑なインシデントでも自分たちで解決しようと努力してしまいました。インシデント解決のための専門的な知識を調べたり、機能的エスカレーションすれば一発で解決するようなインシデントも自分たちで抱え込んでしまったりしたのです。その結果、かえってインシデント解決時間が長引くようになってしまいました。本末転倒とはまさにこのことです。

KPIを策定する際には、もちろん目標と照らし合わせ、妥当なKPIを考えていかなければなりません。それと共に、策定したKPIを元の目標と共に伝達しなければ、「仏作って魂入れず」の状態になってしまいます。KPIは目標を達成するためのものであり、顧客に価値を提供し続けるためのものである、ということを忘れないようにしましょう。

あとがき

　私の本職は研修屋さんです。2006年、私はITIL関係の仕事をすることになりました。ITILの勉強をしているうちに、1冊の本に出会いました。本書の共同筆者、久納信之さんの著書「会社を守るITIL」（アイテック）です。その本の帯には、「アポロ13号のミッションには、ITILそのものと言える思想が随所に現れている」と書いてあったのです。私は興味をもってその本を手に取り、夢中で読みました。

　やがて、偶然にも久納さんと一緒にお仕事をする機会に恵まれました。そのときに、久納さんに「あなたが書いた考え方を使って、ITILの研修プログラムを作らせてほしい」とお願いし、ご快諾をいただきました。こうして、「『アポロ13』に学ぶITサービスマネジメント」という研修プログラムが完成したのです（興味のある方は、ぜひ「テクノファイブ　アポロ」で検索してみてください）。

　その本に出会っていなかったら、私はITILの研修をしたり、「アポロ13」を題材にITILを語ったり、この本を執筆したりすることはなかったでしょう。人生を変える出会いは、本当にあるのですね。

　この本で、読者のみなさまがITILの設計思想を少しでも理解いただける助けになれば幸いです。

　最後になりましたが、この本を出版するにあたって、企画を持ち込んでくださったマッキーソフトの江森さん、膨大な追加・編集にお付き合いくださった熊谷さん、私にITILの奥深さを知るきっかけを与えてくださったうえに、快く推薦文も書いてくださったEXIN Japanの中川さん、本書に素敵なイラストを添えてくださった今田たまさん、そして最初に「アポロ13号の事例はITILだ！」と教えてくださり、今回の執筆にもご参加くださった久納さんに、心よりお礼を申し上げます。ありがとうございました。

2016年9月　谷 誠之

付録：ITILの資格スキーム

　本書は、映画を題材としてITSMをできるだけわかりやすく理解して頂くことを目的として執筆しました。もし読者の方がこの本でITSMに対して少しでも興味を持って頂けたのなら、筆者としてはより体系的にITILを学習し、可能であれば資格を取ってもらいたい、ということを期待しています。ここでは、ITILの資格について、紹介させていただきます。

➡ITILの資格体系

2016年8月現在、ITILの資格体系は次のようになっています。

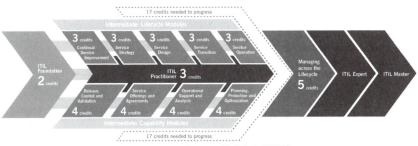

EXIN Japan の Web サイトより転載

ITIL Foundation

ITILを学習する人が最初に挑戦する試験が、ITIL Foundationです。ITIL Foundationは、ITILの用語、骨子、基礎概念の知識を取得しているかどうかを確認するための試験です。ITIL Foundation試験を受験するための前提条件はありません。受験者は、認定トレーニング・プロバイダーと呼ばれる教育会社が主催する研修を受けるか（強く推奨）、または独学で試験を受けることができます。

　問題数：40問　　合格するための正答率：65％（40問中26問の正解で合格）
　⇒試験に合格すると2クレジット取得できます。

ITIL Practitioner

ITサービスマネジメント（ITSM）を実践する人が、ITILのコンセプトを適用するための本質的なスキルを備えていることを証明するための試験です。まだ始まったばかりの試験で、2016年8月現在日本語の試験は提供されていません。ITIL Practitioner試験を受験するためには、ITIL Foundation試験に合格している必要があります。受験者は、認定トレーニング・プロバイダーが主催する研修を受けるか（強く推奨）、または独学で試験を受けることができます。

　問題数：40問　　合格するための正答率：70％（40問中28問の正解で合格）
　⇒試験に合格すると3クレジット取得できます。

ITIL Intermediate

IT サービスマネジメント（ITSM）を実践する人が、ITIL のコンセプトを業務に活用するための応用的なスキルを備えていることを証明するための試験です。ITIL Intermediate は、内容に応じて 2 つのモジュールに分かれています。

●ケイパビリティ・モジュール

　ケイパビリティ・モジュールには、業務に関連した 4 つの独立した試験が存在します。

　RCV（Release, Control and Validation Certificate）：リリースのコントロールと妥当性確認

　SOA（Service Offerings and Agreements Certificate）：提案と合意

　OSA（Operational Support and Analysis Certificate）：（運用のための）サポートと分析

　PPO（Planning, Protection and Optimization Certificate）：プランニング、プロテクション及び最適化

　⇒それぞれの試験に合格すると、1 つの試験あたり 4 クレジット取得できます。

●ライフサイクル・モジュール

　ライフサイクル・モジュールには、ITIL のコア書籍に関連した 5 つの独立した試験が存在します。

　⇒それぞれの試験に合格すると、1 つの試験あたり 3 クレジット取得できます。

　（2016 年 8 月現在、日本語の試験は提供されていません）

ITIL Intermediate 試験を受験するためには、ITIL Foundation 試験に合格していなければなりません。また、認定トレーニング・プロバイダーが主催する認定研修を受講する必要があります。

　問題数：8 問（40 点満点）　　合格するための正答率：70%（40 点中 28 点以上で合格）

ITIL Expert

ITIL Expert に相当する資格試験はありません。ITIL Expert は称号のようなものです。ITIL Foundation、Practitioner、Intermediate の各試験に合格し、合計 17 クレジット以上取得していると、MALC（Managing Across the Lifecycle Certificate：ライフサイクル全体の管理）という試験を受けることができます。MALC に合格すれば、ITIL Expert という称号が得られます。MALC 試験を受験するためには、上記の通り、17 クレジット以上を取得していなければなりません。また、認定トレーニング・プロバイダーが主催する認定研修を受講する必要があります。

　問題数：10 問　　合格するための正答率：70%（40 点中 28 点以上で合格）

　⇒MALC 試験に合格すると 5 クレジット取得できます。合計 22 クレジット以上を取得すると、晴れて ITIL Expert になれます。

ITIL Master

ITIL Master は、ITSM を本格的に実践するマネジメントレベルの方が申請できる資格です。ITIL 認定資格のスキームの中の最上位に位置する資格です。実は、ITIL Master には試験がありません。ITIL Expert に到達しており、なおかつ ITSM の実務経験を 5 年以上経験している人が論文を書き、半年〜 2 年にわたるアセスメントを受けて得られる資格です。

　さぁ、読者の方々も、まずはITIL Foundationから挑戦してみませんか。ITILを正しく学習することで、あなたが提供しているITサービスがより確実に価値を提供できるようになるでしょう。

索引

アルファベット

Asset Management	197
BCM	182
BCP	46,121,182
CAB	212
CMDB	195
CMS	195
Configuration Management	197
DRP	45,183
DRサイト	180
ECAB	214
EEコム	32
ERP	64,239
IT	13
ITIL	19
ITIL Expert	20,250
ITIL Foundation	19
ITIL Intermediate	20,250
ITIL Master	250
ITIL Practitioner	249
ITSCM	181
ITSM	19
ITサービス	14
ITサービス継続性管理	181
ITサービス・プロバイダ	52,18,57
ITサービスマネジメント	19
KPI	233
MTBF	145
MTRS	146
MTTR	146
OLA	123
PDCAサイクル	38
PMBOK	245
RFC	91,209
ROI	239,67
SLA	121,144,181,239

SLR	122
Small Step Quick Win	42,243
SMART	235
SPOC	89
SPOF	184
UC	123

あ行

アクエリアス	33,30
アポロ13	23
アポロ計画	24
アポロ計画の測定	46
インシデント	73
インシデントデータベース	196
インシデント管理	43,77
ウォームサイト	182
宇宙船	33
エスカレーション	94
エド・スマイリー	32
エラー	105
オデッセイ	33,31

か行

階層的エスカレーション	94
回復	147
外部顧客	52
外部プロバイダ	52
価値	16
稼働率	141
可用性	141,153,180,236
可用性管理	142
完全な解決	77
管理プロセスのマネージャ	55,57
既知のエラー	105
既知のエラーデータベース	196
機能的エスカレーション	94

索引

機密性……………………………… 153,236
キャップコム……………………… 32,96
キャパシティ……………………………… 159
キャパシティ管理………………………… 159
教育…………………………………… 228
強化サービス ……………………………66
切り戻し…………………………………… 227
緊急の変更……………………………… 212
緊急変更諮問委員会……………… 214
グラマン社……………………… 42,57,69
継続性………………………………… 180
継続的改善……………………………… 233
継続的サービス改善……… 19,20,231
契約書…………………………………… 127
原状復帰……………………………………78
ケン・マッティングリー…………………31
コア・サービス……………………………65
構成品目………………………………… 195
構成アイテム…………………………… 195
構成ベースライン……………………… 202
構成管理………………………………… 196
構成管理システム……………………… 195
構成管理データベース………………… 195
コールドサイト………………………… 181
顧客……………………………………… 51,57
コンポーネントキャパシティ管理… 162
根本原因………………………… 80,104

さ行

階層的エスカレーション……………………94
サービス…………………… 13,62,63
サービス・スタッフ………………………92
サービス・パッケージ……………………66
サービス・レベル・マネージャ… 55,57
サービスオペレーション…… 19,20,69
サービスキャパシティ管理………… 161

サービス資産…………………………… 209
サービス資産管理及び構成管理…… 196
サービスストラテジ……………… 19,20,35
サービスデザイン…………… 19,20,117
サービスデスク………………………… 75,89
サービストランジション…… 19,20,191
サービスマネジメント……………………19
サービスレベル管理………… 118,208
サービス性……………………………… 146
サービス要求………………………… 75,78
災害復旧計画………………… 45,183
サイ・リーバゴット…………………32
再発防止…………………………………81
財務的制限…………………………… 164
サプライヤ…………………………… 53
ジーン・クランツ…………………31
支援船………………………………… 33
事業………………………………… 51
事業キャパシティ管理……………… 161
事業継続性計画…………………… 182
資産管理………………………………… 197
実現サービス……………………………65
ジム・ラヴェル……………………… 30
需要管理……………………………… 162
重要業績評価指標………………… 233
ジャック・スワイガート……………… 31
ジャック・ルースマ………………… 32
修復……………………………………… 227
障害……………………………………… 74
冗長化……………………………… 45
ジョン・アーロン……………… 32
司令船…………………………………… 33
診断…………………………………………78
信頼性………………………………… 145
ステーク・ホルダー………………… 56
正確性………………………… 153,236

性能……………………………… 159	変更の7つのR ………………… 212
戦略……………………………… 41	変更要求……………………… 91,207
測定……………………………… 46	保守性…………………………… 146
	保証……………………………… 17
た行	ホットサイト…………………… 182
直接原因………………………… 74	
月着陸船………………………… 33	**ま行**
通常の変更……………………… 212	目的…………………………… 39,233
ディーク・スレイトン………… 31	目標…………………………… 40,233
テスト………………………… 44,227	問題……………………………… 104
問い合わせ……………………… 74	問題管理……………………… 43,105,81
投資利益率……………………… 239	
トーマス・ペイン……………… 31	**や行**
トレーニング…………………… 228	ユーザ………………………… 51,57
	有用性…………………………… 17
な行	要求実現……………………… 75,78
内部顧客………………………… 52	容量……………………………… 159
内部プロバイダ………………… 52	
ニール・アームストロング…… 25	**ら・わ行**
ノース・アメリカン航空社…… 42	ライフサイクル………………… 19
	リアクティブ………………… 106,108
は行	リハーサル……………………… 44
バズ・オルドリン……………… 25	リリース………………………… 225
バリュー・チェーン…………… 130	リリース管理…………………… 226
ビジネス継続計画…………… 46,121	リリース・パッケージ………… 226
標準化………………………… 43,203	リリース・ユニット…………… 225
標準的な変更…………………… 210	冷戦……………………………… 28
復旧……………………………… 147	ワークアラウンド……………… 76
物理的制限……………………… 163	
フレッド・ヘイズ……………… 30	
プロアクティブ……………… 91,106,108	
ベストプラクティス…………… 19	
変更……………………………… 208	
変更管理………………………… 209	
変更許可委員…………………… 214	
変更諮問委員会………………… 212	

253

参考資料一覧

■参考文献

アポロ13（ジム・ラヴェル、ジェフリー・クルーガー 著・新潮社）
アポロ13号 奇跡の生還（ヘンリー・クーパーjr.著・新潮文庫）
高度専門 ITサービスマネジメント（谷 誠之、木村 祐 著・アイテック）
ITIL V3 実践の鉄則（久納 信之 著・技術評論社）
PMBOK GUIDE（PMI）

■コア書籍

サービスストラテジ（ITIL コア書籍・TSO）
サービスデザイン（ITIL コア書籍・TSO）
サービストランジション（ITIL コア書籍・TSO）
サービスオペレーション（ITIL コア書籍・TSO）
継続的サービス改善（ITIL コア書籍・TSO）

■テレビ番組

コズミックフロント ～アポロ13号「想定外」を乗り越えた男たち～
（NHKオンデマンド・NHK）

■参考Webサイト

経済産業省「ITサービス継続ガイドライン」
フリー百科事典ウィキペディア日本語版
「宇宙開発競争の年表」
「アポロ計画」
「ケネディ宇宙センター」
「ジョンソン宇宙センター」

■特別協力

EXIN Japan社

著者紹介

久納 信之（くのう のぶゆき）

大手消費財メーカーにて長年、国内外のシステム構築、導入プロジェクト、ITオペレーションに従事。1999年からはITILを実践し、社内におけるITSMの標準化と効率化に取り組む。itSMF Japan設立に参画するとともに、ITIL書籍集の日本語化に協力する。

2004年からITベンダーにてITSMを中心としたコンサルタントとして活動後、2012年外資系部品メーカーのITマネージャとして再度ITSMを実践。2015年より再びITSMコンサルとして活動し現在に至る。

itSMF Japan SLA分科会座長、Value Creation分科会座長、IT戦略とポートフォリオ分科会座長、EXIN ITILマネージャ認定資格試験採点を担当。

1999年、フィリピンにて自分でも気付かぬまま日本人として初めてEXIN ITIL Foundationの資格を取得。趣味はスポーツをすることと観ること。週末はスキー、テニス、ロードバイク等。

主な著書として、「ITIL実践の鉄則」、「ITILv 3実践の鉄則」、「ITILv3実装の要点」など（いずれも技術評論社）がある。

谷 誠之（たに ともゆき）

テクノファイブ株式会社 代表取締役。1991年から研修講師を始め、2016年で25年目を迎える。IT技術、対人能力、各種マネジメント系の研修講師として、年間約180日の登壇を精力的にこなす。

ITILとのつきあいは2006年から。ITIL認定トレーニングプロバイダー審査員（EXIN Japan）、ITIL Manager 試験採点官（EXIN Japan）に就任して以来、ITサービスが正しく価値を提供し続けられるよう、多方面で活動中。主な資格は、ITIL Expert、PMP（Project Management Professional）、情報セキュリティスペシャリスト、ITサービスマネージャ 他。

近著に「ITエンジニアとして生き残るための創造的発想術（日経BP）」がある。

『アポロ13』に学ぶ IT サービスマネジメント
～映画を観るだけで ITIL の実践方法がわかる！～

2016 年 11 月 25 日　初版　第 1 刷発行

●著　者　　谷誠之、久納信之
●発行者　　片岡　巖
●発行所　　株式会社技術評論社
　　　　　　東京都新宿区市谷左内町 21-13
　　　　　　電話 03-3513-6150（販売促進部）
　　　　　　　　 03-3513-6160（書籍編集部）

●カバー／本文デザイン
　　　　　　菊池　祐（株式会社ライラック）
●カバー写真　和田　高広（LIGHT&PLACE）
●イラスト　　今田　たま
●編集・組版　マッキーソフト株式会社
●担当　　　　青木　宏治
●印刷／製本　港北出版印刷株式会社

定価はカバーに表示してあります。

本書の一部または全部を著作権法の定める範囲を超え、無断で
複写、複製、転載、テープ化、ファイルに落とすことを禁じます。

ⓒ 2016　谷誠之、久納信之

造本には細心の注意を払っておりますが、万一、乱丁（ページ
の乱れ）や落丁（ページの抜け）がございましたら、小社販売
促進部までお送りください。送料小社負担にてお取り替えい
たします。

ISBN978-4-7741-8492-0　C3055
Printed in Japan

本書に関するご質問は、紙面記載
内容についてのみとさせていただ
きます。本書の内容以外のご質問
には一切応じられませんので、あ
らかじめご了承ください。
なお、お電話でのご質問は受け付
けておりません。書面またはFAX、
弊社Webサイトのお問い合わせ
フォームをご利用ください。

■問い合わせ先
〒162-0846
東京都新宿区市谷左内町21-13
株式会社技術評論社 書籍編集部
『『アポロ13』に学ぶ
　ITサービスマネジメント』係

FAX: 03-3513-6167
URL: http://book.gihyo.jp/

ご質問の際に記載いただいた個人
情報は、回答以外の目的に使用す
ることはありません。使用後は、速
やかに個人情報を廃棄します。